扬子北缘黄陵球状花岗闪长岩的形成过程及构造背景（国家自然科学基金青年科学基金项目 41802200）
三峡地区古元古代表壳岩碳同位素研究（湖北省自然科学基金面上项目 2020CFB863） 共同资助
地学长江区域引导项目（中国地质大学 CUGQY1938）
国家留学基金委公派留学项目（41520104003）

湖北黄陵球状花岗闪长岩成因研究

HUBEI HUANGLING QIUZHUANG HUAGANG SHANCHANGYAN CHENGYIN YANJIU

李一鹤 著

图书在版编目（CIP）数据

湖北黄陵球状花岗闪长岩成因研究/李一鹤著. —武汉：中国地质大学出版社，2023.3
ISBN 978-7-5625-5484-4

Ⅰ.①湖… Ⅱ.①李… Ⅲ.①花岗闪长岩-岩石成因-研究-湖北 Ⅳ.①P588.12

中国版本图书馆 CIP 数据核字（2023）第 018504 号

湖北黄陵球状花岗闪长岩成因研究				李一鹤 著
责任编辑：杨 念 张玉洁		选题策划：李应争		责任校对：徐蕾蕾
出版发行：中国地质大学出版社（武汉市洪山区鲁磨路388号）				邮政编码：430074
电 话：(027)67883511		传 真：67883580		E-mail：cbb@cug.edu.cn
经 销：全国新华书店				https://cugp.cug.edu.cn
开本：787mm×1 092mm 1/16			字数：119千字	印张：6.25
版次：2023年3月第1版			印次：2023年3月第1次印刷	
印刷：武汉邮科印务有限公司				
ISBN 978-7-5625-5484-4				定价：98.00元

如有印装质量问题请与印刷厂联系调换

前 言

球状岩作为火成岩中出露少、结构特殊的一类岩石,其形成过程对物理化学条件要求极为苛刻。因此,球状岩是开展岩浆系统物理过程与化学过程综合研究的极佳对象。本书聚焦湖北黄陵球状花岗闪长岩的矿物分布规律、主微量元素特征以及不同区域锆石的结构及年龄差异,试图了解黄陵球状花岗闪长岩形成时经历了怎样的物理化学过程以及其形成时代和构造背景。

《湖北黄陵球状花岗闪长岩成因研究》一书是在新时代科教融合的大背景下撰写的。在21世纪的地球系统科学框架下,传统"矿物岩石学"正在向"地球物质科学"的方向发展,火成岩作为地球物质科学基础中的基础,其成因与深海、深地及深空探测紧密相关。球状岩石作为火成岩中极为特殊的一类岩石,对球状岩石开展详细成因研究可补充并完善"火成岩成因"理论体系并指导学生开展"火成岩成因实习"。此外,湖北黄陵球状花岗闪长岩出露于中国地质大学(武汉)秭归地质实践教学区,因此本书可作为秭归野外地质实习的辅助资料,丰富秭归野外地质实习内容。

《湖北黄陵球状花岗闪长岩成因研究》一书由国家自然科学基金青年科学基金项目(41802200)、湖北省自然科学基金面上项目（2020CFB863）、中国地质大学（武汉）地学长江区域引导项目（CUGQY1938）、国家留学基金委公派留学项目（41520104003）共同资助。

　　本书由李一鹤副教授编写，在编写过程中郑建平教授给予了指导。感谢郑建平、吴元保、赵军红、王伟、苏玉平、熊庆、马强、李益龙、周翔、陈明、平先权、戴宏坤、汤华云、潘少奎等教授（研究员）、副教授（副研究员）在本书统稿及修改阶段的指导！感谢 M. Satishy Kumar、汪宇锋、姚远、郭晋威、向璐、王敏、王万黎、杨世琪、刘茜等科研人员在野外采样和分析测试阶段给予的帮助！最后，特别感谢中国地质大学出版社编辑杨念、李应争对本书的支持！

李一鹤

2022 年 11 月于中国地质大学（武汉）

目 录

第一章 绪言 ……………………………………………………………… (1)
    第一节 球状岩研究背景 ……………………………………………… (1)
    第二节 球状岩研究现状 ……………………………………………… (2)

第二章 地质背景及样品描述 …………………………………………… (5)
    第一节 地质背景 ……………………………………………………… (5)
    第二节 野外产出 ……………………………………………………… (7)
    第三节 岩相学特征 …………………………………………………… (9)

第三章 研究内容、研究方案、分析方法 ……………………………… (11)
    第一节 研究内容 ……………………………………………………… (11)
    第二节 研究目标 ……………………………………………………… (12)
    第三节 拟解决的关键科学问题 ……………………………………… (13)
    第四节 研究思路 ……………………………………………………… (13)
    第五节 分析方法 ……………………………………………………… (13)

第四章 黄陵球状岩矿物成分分析 ……………………………………… (17)
    第一节 岩相学分析 …………………………………………………… (18)
    第二节 分区域能谱面扫 ……………………………………………… (21)
    第三节 代表性区域原位主量元素分析 ……………………………… (26)

第五章 黄陵球状岩形成时代及物质来源 ……………………………… (28)
    第一节 分区域样品切割、锆石分选及阴极发光显微图像 ………… (28)
    第二节 分选锆石 U-Pb、Lu-Hf 同位素分析测试 ………………… (32)
    第三节 锆石微量元素及分区域全岩微量元素综合分析 …………… (34)
    第四节 球状岩形成时代及物质来源 ………………………………… (36)

第六章 黄陵球状岩晶体粒度分布特征 ………………………………… (39)
    第一节 分析软件 ……………………………………………………… (39)

第二节　分析原理 …………………………………………………… (40)

　　第三节　实验设计 …………………………………………………… (41)

　　第四节　实验操作 …………………………………………………… (43)

　　第五节　实验结论 …………………………………………………… (46)

第七章　构建球状岩热扩散模型 ………………………………………… (54)

　　第一节　实验软件 …………………………………………………… (54)

　　第二节　实验原理 …………………………………………………… (54)

　　第三节　实验设计 …………………………………………………… (55)

　　第四节　实验操作 …………………………………………………… (55)

　　第五节　探究球状体大小与形成过程之间的关系 ………………… (59)

主要参考文献 ………………………………………………………………… (62)

附　表 ………………………………………………………………………… (73)

附　录 ………………………………………………………………………… (92)

第一章 绪 言

第一节 球状岩研究背景

球状岩（orbicular rocks）是具有球状结构的岩石总称，它由球状体（orbicules）以及球间基质（matrix）组成。球状体的构造特征表现为由不同结构、不同成分的同心壳层围绕中心有规律地排列。根据球状岩的矿物组合可以定名为球状花岗岩、球状闪长岩、球状辉长岩等。它们作为岩浆岩中出露少、结构特殊的一类岩石，其形成过程对物理化学条件极为苛刻。因此，球状岩是开展岩浆系统物理过程与化学过程综合研究的极佳对象（图1-1、图1-2）。

图1-1 球状岩野外露头照片
（据 Díaz-Alvarado et al., 2017）

球状岩自1802年被首次发现以来，在全球范围内仅有100余处露头报道（Elliston, 1984）。我国球状岩出露位置不到10处，如浙江诸暨（周新民等，1990；王孝磊等，2012）、河北滦平（马芳等，2004）、山东蒙阴（王洪德，2004）、山东平邑（吴洪艳等，2013）、湖北黄陵（魏运许等，2015）以及西藏

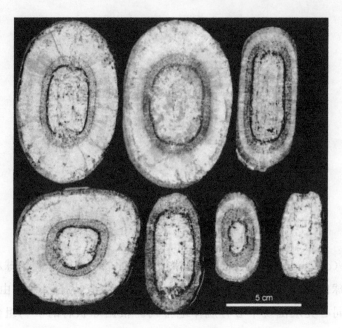

图 1-2 球状岩结构照片
(据 Grosee et al., 2010)

亚东(Zhang et al., 2017)等。球状岩的出露面积通常较小, 一经发现极易被人们当作奇石开采殆尽。还有些地方(例如浙江诸暨)将球状岩列为地质遗迹并受法律保护。因此, 获得可供科学研究的球状岩十分不易。

因球状岩十分稀有, 它被地质学家认为是罕见的"地质珍品(a geological curiosity)" (Leveson, 1966); 又因其截面花纹似古钱币, 被奇石爱好者称为"金钱石"(王洪德, 2004); 还因其独特的结构构造(同心壳层围绕中心有规律排列)、矿物成分变化较大(超基性至中酸性)、形成年代跨越久远(新太古代至中新世), 被认为是"难懂的(hard to understand)" (Eskola, 1963)、"谜一般的(enigmatic)" (Raguin, 1965)。球状岩如此稀有同时又让人捉摸不透, 它们受控于什么样的物理、化学过程? 为什么能够在不同时代、不同构造背景下出现? 我们先从球状岩的结构特征入手, 来了解球状岩的研究进展。

第二节 球状岩研究现状

一、球状岩结构特征描述

球状岩由球状体及球间基质组成。球状体根据结构可分为两大类: 单壳结构（图1-3a）及多壳结构（图1-3b、图1-3c），其中多壳结构又包括普通多壳结构和特殊韵律多壳结构。球状体的核部既可以由浅色矿物集合体组成，也可以由暗色矿物集合体组成。球状体具有塑性（图1-3d、图1-3e），且形成早于基质（图1-3f）。

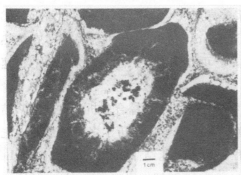
a. 球核以浅色矿物为主

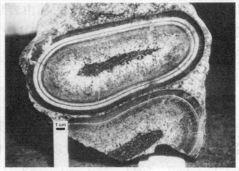
b. 球核以暗色矿物集合体为主

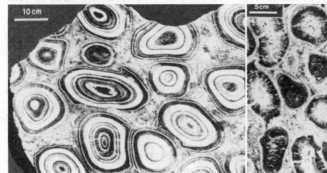
c. 韵律多壳结构

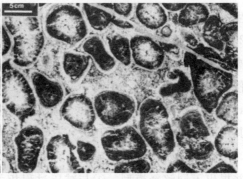
d. 球状体呈现车轮状结构

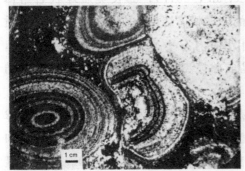
e. 球状体具有塑性

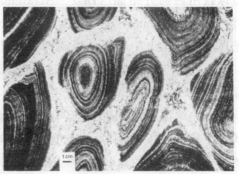
f. 基质切割球状体

图1-3　不同球状态岩的结构特征

注：图1-3a～图1-3f均引用自Elliston，1984。

二、球状岩成因模式

早期学者们对球状岩的成因研究集中于单一过程解释：①类似于沉积岩中李泽冈环带（liesegang rings）的形成过程，可能通过熔体韵律过饱和—结晶作用形成（Leveson，1966）；②可能由岩浆分异形成（Aguirre et al.，1976）；③可能由过度加热（superheating）形成（Vernon，1985）；④可能由熔体在绝热状态下，过度冷却（undercooling）形成；⑤可能在由以扩散作用为主导的快速结晶过程中形成。

近10年，学者们通过对球状岩开展物理、化学过程综合分析，发现球状结构的形成与熔体物理状态的改变密切相关，即熔体可能经历了多阶段过程：先经历过度加热过程，再经历过度冷却过程，从而快速结晶形成球状岩（Smillie and Turnbull，2014；McCarthy and Müntener，2016；Zhang et al.，2017）。其中，过度加热可能由两种物理过程导致，熔体与更热的或更偏基性的岩浆发生混合（Decitre et al.，2002）或熔体中水含量增加（Lindh and Näsström，2006）；过度冷却可以由水压突然降低或挥发分释放引起的岩浆液相线陡然升高导致（Hort，1998），同样可以由多种物理扰动过程形成，例如熔体快速上侵（Grosse et al.，2010）、火山喷发（Ort，1992）以及围岩破裂（Grosse et al.，2010）等。此外，根据实验模拟和数值计算，球状岩的结晶速率非常快，其结晶所需时间可短至几天，甚至只需几小时（Spillar and Dolejs，2013）。

在多阶段过程的基础上，学者们最新的研究聚焦于球状结构的成因机制，并提出不同解释模型：①与减压过程相关的局部分异结晶模型，强调球状体围绕球核由内向外结晶（Diaz-Alvarado et al.，2017）；②长英质球状岩熔体"淬火"（quenching）模型，由温度较高的"球状体熔体"在温度较低的"基质熔体"中"淬火"形成，强调球状体由外向内不平衡结晶（Zhang and Lee，2020）；③流体逃逸诱发的局部快速结晶成球模型，强调球状核是晚期原位结晶的（Fonseca et al.，2021）。

有关球状岩的成因目前还存在不同认识，可能是因为学者们往往只关注球状岩中某一种特定结构。湖北宜昌黄陵穹隆出露有不同结构（羽状单壳结构和韵律多壳结构）的球状岩——球状花岗闪长岩（魏运许等，2015）。黄陵穹隆的太古宙基底因其岩石年龄最古老、岩石种类最丰富、出露面积最大，被认为是扬子克拉通的陆核（高山和张本仁，1990）。因此，对陆核所在区域不同结构的球状岩开展对比研究，不仅可以综合分析球状岩形成时所经历的物理化学过程，了解球状岩成因机制，还可以为研究区域演化特别是深熔再造作用提供制约。

第二章 地质背景及样品描述

第一节 地质背景

扬子克拉通北接秦岭-大别造山带，西与松潘甘孜地块相邻，南与华夏陆块相拼合，东邻太平洋，是中国东部重要的组成单元（Zhao and Cawood，2012）。扬子克拉通内部记录有多期次增生、再造直至克拉通化的过程（Zheng and Zhang，2007），以及后期数次块体间的碰撞拼合过程（周建波等，2001；沈其韩等，2005；许文良等，2011；李献华等，2012），促使我国前寒武纪地质学（万渝生等，2000；赵国春等，2002；郑永飞和张少兵，2007；第五春荣等，2010；翟明国，2013；翟明国和Santosh，2014；李三忠等，2015；耿元生等，2016，2017）、岩石学（周新民，2003；徐夕生，2008；魏春景，2012；于津海和舒良树，2016；吴福元等，2007，2017）等地球科学研究取得丰富成果。黄陵穹隆位于扬子克拉通北缘，其基底由太古宙至古元古代崆岭杂岩组成。在中、新元古代时期（1150~970 Ma），扬子克拉通与神农架岛弧发生碰撞拼合（Peng et al.，2012a；Deng et al.，2016；Jiang et al.，2016），随后黄陵深成杂岩体侵入崆岭杂岩，形成穹隆状构造（马大铨等，1997；Ling et al.，2006）。

崆岭杂岩包括太古宙长英质片麻岩、呈透镜状或香肠状分布于片麻岩夹层中的斜长角闪岩和镁铁质麻粒岩以及古元古代孔兹岩系（图2-1；Gao et al.，1999；Yin et al.，2013）。它们记录了扬子克拉通最古老的岩石年龄（3.45 Ga花岗质片麻岩；Guo et al.，2014），太古宙（3.3~3.2 Ga、约2.9 Ga、2.7~2.6 Ga）三期大规模增生及再造过程（Qiu et al.，2000；Zhang et al.，2006a，2006b，2006c；魏君奇和王建雄，2012；Chen et al.，2013）以及古元古代（2.1~1.85 Ga）微陆块碰撞及伸展过程（Xiong et al.，2009；Peng et al.，2012b；Yin et al.，2013；Li et al.，2016；Han et al.，2017）。

根据不同的岩性，可以将黄陵新元古代复式深成杂岩体划分为4个岩套：黄陵庙奥长花岗岩-花岗闪长岩岩套（821~800 Ma），大老岭二长闪长岩-二长

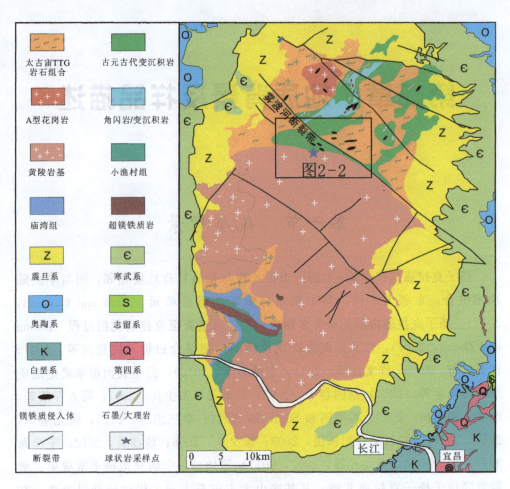

图 2-1 黄陵穹隆地质背景图
(据 Gao et al.，2011)

花岗岩岩套（约 817 Ma），三斗坪石英闪长岩-英云闪长岩岩套（810～803 Ma），以及由浅成花岗岩和镁铁质-长英质岩墙组成的晓峰岩套（约 800 Ma）（张少兵，2008；Wei et al.，2012）。虽然黄陵复式深成杂岩体是在较短时期内快速形成的，但该时期构造岩浆活动十分复杂，其中黄陵庙岩套可能形成于加厚下地壳深熔作用，大老岭岩套可能由新生镁铁质地壳部分熔融形成，三斗坪岩套可能形成于幔源含水玄武质岩浆分异结晶作用，晓峰岩套可能是大陆裂谷岩浆上升过程中受到陆壳物质混染形成的（Zhang et al.，2009；Zhao et al.，2013）。

球状花岗闪长岩出露于雾渡河断裂带南侧、黄陵复式深成杂岩体中黄陵庙岩套北部边缘，与新元古代斑状花岗闪长岩、新元古代石英闪长岩接触（图 2-2）。球状花岗闪长岩出露面积很小（不足 150 m²），呈东西向带状展布，断续延伸近 30 m，宽约 5 m。魏运许等（2015）曾对该球状岩进行详细岩相学特征研究，但其成因、形成时代、构造背景仍然未知。

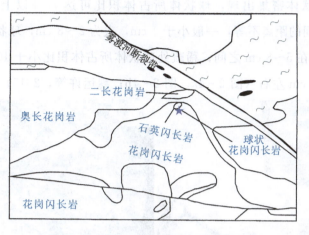

图 2-2 球状花岗闪长岩地质背景示意图

(据魏运许等,2015)

扬子北缘黄陵球状花岗闪长岩(图 2-3)具有如下特点:①不同结构(无壳、单壳、多壳)的球状体共存;②不同成分(核心单纯为暗色矿物及核心以长英质矿物为主,含少量暗色矿物)的球状体共存。上述特征引发了我们思考:为什么黄陵球状花岗闪长岩同时存在不同结构、不同成分的球状体?在球状岩的形成过程中,包含哪些物理过程和化学过程?扬子陆核区域在新元古代时期经历了怎样的演化过程?带着这些疑问,我们对黄陵球状花岗闪长岩样品进行了岩相学特征描述。

a. 无壳球及多壳球;b. 球核为暗色矿物的单壳球及球核以长英质成分为主的多壳球。

图 2-3 黄陵球状花岗闪长岩手标本

第二节 野外产出

球状花岗闪长岩体中球状体分布不均匀,部分球状体不明显,且大小不一；另一些球状体密集出现，球状体所占体积比可达75%以上，壳层结构明显，球状体之间的距离不等，一般小于 1 cm，次为 2～3 cm，球状体直径为 5～12 cm，多集中在 5～8 cm 之间；稀疏处球状体所占体积比小于 10%，球状体较大，直径为 15 cm 左右（图 2-4a、图 2-4b；魏运许等，2015）。如图 2-4c—

a. 球状花岗闪长岩与石英闪长岩围岩接触；b. 球状花岗闪长岩与斑状花岗闪长岩围岩接触（魏运许等，2015）；c—h. 不同类型的球状体。

图 2-4 黄陵球状花岗闪长岩野外照片

注：蓝色数字代表多壳球状体，绿色数字代表韵律多壳球状体，黄色数字代表以暗色矿物集合体为核心的单壳球状体，红色数字代表以长英质矿物为核心的单壳球状体。

图 2-4h 所示，球状体呈圆形、椭圆形及不规则状，由中心的球核及围绕核的单个或多个壳层组成。按形态特征，可分为单壳层球状体、多壳层球状体。各种类型的球体呈无序分布。露头中可见 29 个球状体呈现多壳结构，其中包括 6 个韵律多壳结构球状体；46 个球状体呈现单壳结构，其中 29 个球状体以暗色矿物为核心，另外 17 个球状体以长英质矿物为核心。

第三节　岩相学特征

魏运许等（2015）曾对球状花岗闪长岩的围岩和球状体开展详细的岩相学特征描述。球状花岗闪长岩体的围岩是指不含球状体的部分或球状体稀疏处球外的主要岩石，岩性为花岗闪长岩，主要由斜长石（46%～55%）、钾长石（约 20%）、石英（15%）、黑云母（3%～5%）、角闪石（2%～5%）组成，另有少量榍石、帘石、绿泥石，具块状构造，中粗粒花岗结构、似斑状结构。斑晶以钾长石为主，多为条纹长石；基质中的钾长石以正长石为主，斜长石以中-更长石居多，内部可见环带状结构，有自形程度略高的中长石，也有聚片双晶较宽的中-更长石，粒径为 1～2 mm。局部可见钾长石与斜长石的共熔结构，钾长石呈他形粒状，嵌晶状分布在半自形板状的斜长石中。角闪石呈半自形柱粒状，横切面上解理发育，分布于长英质矿物间，部分退变为绿泥石，并伴有铁质析出。球状花岗闪长岩中，常见斜长黑云片岩、阳起黑云片岩、斜长角闪岩和角闪岩 4 种暗色包体，包体形态各异，包括圆形、次圆形、长条状、雨滴状、棱角状及不规则状，小者粒径为 1～2 cm，大者粒径约 15 cm。包体与球状花岗闪长岩主岩和球状体接触界线清楚且平直，无明显的交代关系。

黄陵球状岩代表性薄片如图 2-5 所示：图 2-5a 呈现了以暗色矿物为球核的单壳球以及球状体周围的球间基质。暗色矿物介于椭圆状至板条状之间，被浅色长英质矿物环带包围，球状体最外层由间隔分布的暗色矿物与浅色矿物组成，暗色矿物呈放射状近似垂直于环带。球间基质成分不均匀，矿物成分以斜长石为主，少量角闪石在局部相对集中。图 2-5b 呈现了球核以长英质矿物为主、含少量暗色矿物的多壳球。球壳表现为基本不含角闪石的浅色层和含有大量角闪石的暗色层，二者交替发育组成韵律环带，该球壳多达 13 层。图 2-5c 呈现了后期长英质岩脉穿切球状体，该长英质岩脉可以限定球状岩的形成时代。图 2-5d 呈现了球核以长英质矿物为主、含少量暗色矿物的多壳球。值得注意的是，暗色矿物位于核球正中心。球壳由暗色矿物与浅色矿物交替组成，暗色矿物呈放射状近似垂直于环带。

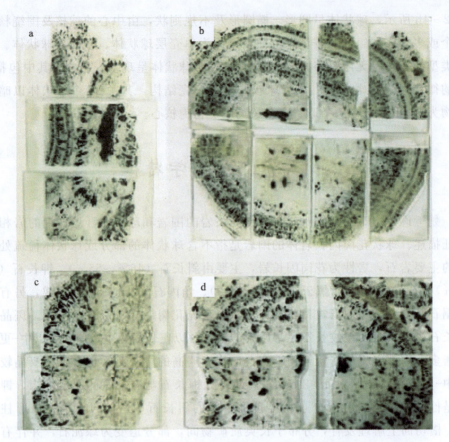

a. 以暗色矿物为球核的单壳球；b. 球核以长英质矿物为主、含少量暗色矿物的多壳球；
c. 长英质岩脉穿切球状体；d. 球核以长英质矿物为主、正中心含少量暗色矿物的多壳球。

图 2-5　黄陵球状岩代表性薄片

注：加厚探针片，每片长 5 cm，宽 2.5 cm。

第三章 研究内容、研究方案、分析方法

第一节 研究内容

本研究选择的露头中有具有最多圈层数量的韵律多壳球状体（RMO）和以暗色矿物为核心的羽状单壳球状体（SO），对二者开展对比研究，研究内容主要为：①对两种球状体开展晶体粒度分布研究；②对韵律多壳球状体和羽状单壳球状体开展 EDS 能谱面扫，了解主量元素分布规律，并对韵律多壳球状体和羽状单壳球状体开展基质-球壳-球核剖面上的单矿物主量元素分析；③对韵律多壳球状体和羽状单壳球状体开展基质-球壳-球核剖面上的晶体粒度分布规律分析；④对韵律多壳球状体分区域开展全岩微量元素分析；⑤对韵律多壳球状体分区域开展全岩锆石分选，并进行锆石 U-Pb-Hf 同位素分析。

一、岩相学与矿物学研究

细致且准确的岩相学及矿物学研究是岩浆岩成因研究的基础。从野外地质调查及手标本分析结果中得知，黄陵球状花岗闪长岩不是单一结构构造球状体的集合体，它包括不同结构构造的球状体以及不同成分的球核。因此，必须将这些不同结构构造的球状体、不同成分的球核进行归类，并结合室内薄片鉴定，从而了解它们的结构构造、矿物组成特征，进而研究球状岩的形成过程。

二、微区原位地球化学研究

由于测试技术和地球化学理论的发展，微区原位地球化学研究逐渐成为岩浆岩系统研究中普遍而重要的研究方法。针对黄陵球状花岗闪长岩中球核、球壳、球间基质开展微区原位地球化学研究，获得球状岩基质-球壳-球核剖面上主量元素、微量元素的分布规律，从而探讨球状岩的形成过程以及物质来源。

例如，通过计算斜长石牌号从而确定球状岩生长方向是由内而外还是由外而内；将球状岩不同区域的主量元素、微量元素与黄陵复式杂岩体中花岗闪长岩、石英闪长岩进行成分对比分析，从而判断球状岩可能的物质来源。

三、定量化结构分析

定量化结构分析可以为我们认识球状岩形成的动力学过程提供理论和方法。球状岩并不是由简单的同源晶体组成，而是由不同的晶体群组成，包括残留晶、捕虏晶、高压巨晶、斑晶、循环晶和微晶（基质晶）。晶体群保存的数目和体积分数很大程度上取决于岩浆过程的时间尺度，而晶体的粒度特征和体积分数强烈约束岩浆的流变学习性（Cashman and Marsh，1988；Marsh，1988；Higgins，2006）。因此，黄陵球状花岗闪长岩的晶体粒度分布特征可以反映球状岩形成过程中所经历的物理过程，例如饱和度增加、生长速率增加、岩浆混合、结构粗化、聚集生长等过程。

四、微区原位锆石同位素研究

研究球状岩的形成时代和形成过程对探讨其构造背景十分重要，是球状岩研究中以小见大的关键。通过显微镜观察，发现在黄陵球状花岗闪长岩的球核、球壳、球间基质、岩脉中均存在副矿物锆石。锆石是一种耐高温、难熔的稳定矿物，不易受后期高温热事件的改造，其U-Pb同位素体系保存良好且能够保留有效的Hf同位素初始比值，同时锆石O同位素可用于识别地幔交代的物质组成和过程。因此，对球状岩中不同区域的锆石开展微区原位U-Pb同位素分析，可以获得球状岩不同部分的结晶时间，分析球状岩的形成时代并判断球状岩的形成速率；对球状岩中不同区域的锆石开展微区原位Hf-O同位素分析，可以示踪壳幔相互作用及演化过程。

第二节 研究目标

（1）围绕黄陵球状花岗闪长岩中不同结构构造的球状体和不同成分的球核，在基质-球壳-球核剖面上开展定量化结构特征分析、微区原位地球化学分析，从而判断黄陵球状岩在形成过程中经历了怎样的岩浆起源、分凝、上升、就位、固结、排气等过程。

（2）确定岩浆源区性质和形成时代，揭示球状岩形成的构造背景，为了解扬子新元古代地壳深熔再造精细过程提供直接线索。

第三节 拟解决的关键科学问题

(1) 黄陵球状花岗闪长岩形成时经历了怎样的物理化学过程？
(2) 黄陵球状花岗闪长岩的形成时代及构造背景是什么？

第四节 研究思路

根据以上研究内容，本书开展研究的技术路线如图 3-1 所示。

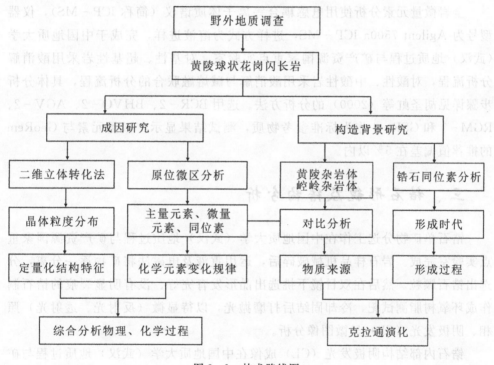

图 3-1 技术路线图

第五节 分析方法

一、全岩粉末样品制备

选取新鲜岩石样品去污风干之后碎样，挑选没有包裹体和脉体且成分均一的碎块采用无污染刚玉颚板粉碎，然后使用玛瑙或碳化钨研钵磨至 200 目（0.074 mm）以下，密封保存待后续分析测试。全岩样品的碎样和制粉在中国地质大学（武汉）地质过程与矿产资源国家重点实验室完成。

二、全岩主量、微量元素分析

全岩主量元素分析采用 X 射线荧光光谱（XRF）玻璃熔片法，完成于中国地质大学（武汉）地质过程与矿产资源国家重点实验室，使用的 X 射线荧光光谱仪型号为 Shimadzu XRF-1800。分析方法采取标准曲线法，选取岩石标样 USGS AGV-2、GSR-1 和 GSR-7 监控分析质量，基底效应采用数学模型矫正，整体分析精度和准确度都优于 5%。

全岩微量元素分析使用电感耦合等离子体质谱仪（简称 ICP-MS），仪器型号为 Agilent 7500a ICP-MS，进样方式为溶液进样，完成于中国地质大学（武汉）地质过程与矿产资源国家重点实验室。对基性、超基性岩采用酸消解分析流程，对酸性、中酸性岩采用酸消解与碱熔融联合的分析流程，具体分析步骤详见胡圣虹等（2000）的分析方法。选用 BCR-2、BHVO-2、AGV-2、RGM-1 和 GSR-1 作为标准参考物质，测试结果显示，微量元素与 GeoRem 的推荐值偏差在 5% 以内。

三、锆石形貌及结构分析

锆石单矿物分选工作在中国地质大学（武汉）地质过程与矿产资源国家重点实验室完成。岩石样品机械破碎后，运用重液及电磁法将矿物逐一分离，分选出锆石颗粒。然后在双目镜下挑选出晶形发育完好、没有明显裂痕的锆石制作成环氧树脂测试靶，冷却固结后打磨抛光，以待显微（反射光、透射光）照相、阴极发光（CL）显微图像分析。

锆石内部结构阴极发光（CL）成像在中国地质大学（武汉）地质过程与矿产资源国家重点实验室完成。锆石表面特征微量元素含量（如 U、Y、Dy 和 Tb 等）或晶格缺陷直接影响阴极发光亮度，特征微量元素含量越高，阴极发光强度越弱。锆石阴极发光（CL）图像能够清楚地反映锆石的内部结构，便于选择合适的测试位置开展后续的锆石原位微区分析，同时可以避开包裹体及裂隙。

四、锆石 U-Pb 同位素分析

锆石 U-Pb 同位素分析完成于中国地质大学（武汉）地质过程与矿产资源

国家重点实验室，使用 Geolas 2005 ArF 激光剥蚀系统和 Agilent 7500a ICP-MS。典型的激光斑束直径为 32 μm，剥蚀频率为 6 Hz。氦气作为载气流，可对 ICP-MS 提供有效的气溶胶运输，减少运输管内和剥蚀坑附近的气溶胶沉积。每分钟 2~4 mL 的氮气被添加到 ICP 的主气流中，可以提高 U-Th-Pb 同位素测试的灵敏度。单次分析总时长为 100 s，包括 20~30 s 的背景信号（气体空白）和 50 s 样品信号的采集，以及 20~30 s 的背景冲洗时间。标准锆石 91500 用作 U-Pb 定年的外部标样，GJ-1 用作监控标样，NIST SRM 610 用作外部微量元素标样。本书使用 ICPMSDATACal（版本 9.0）进行微量元素分析和 U-Pb 定年数据的离线处理、背景和分析信号的整合、时间漂移校正和定量校正（Liu et al.，2008）。U-Pb 年龄的加权平均值和交点年龄计算使用的是 ISOPLOT 3.76 版本。

五、锆石 Lu-Hf 同位素分析

锆石原位 Lu-Hf 同位素测定在中国地质大学（武汉）地质过程与矿产资源国家重点实验室完成，测试仪器为装有 193 nm ArF 激光器的 Neptune MC-ICP-MS。激光束斑直径为 44 μm，剥蚀频率为 10 Hz。$\varepsilon_{Hf}(t)$ 的计算采用 ^{176}Lu 衰变常数为 1.865×10^{-11} yr^{-1}（Scherer et al.，2001），球粒陨石现今 $^{176}Hf/^{177}Hf=0.282\,772$，$^{176}Lu/^{177}Hf=0.033\,2$；Hf 亏损地幔模式年龄（$T_{DM1}$）的计算采用现今的亏损地幔 $^{176}Hf/^{177}Hf=0.283\,25$，$^{176}Hf/^{177}Hf=0.038\,4$。Hf 同位素模式年龄的计算采用平均大陆壳的 $^{176}Lu/^{177}Hf=0.015$（Griffin et al.，2002）。详细测试步骤和分析过程见相关文献。

六、定量化结构特征分析

通过分析黄陵球状岩的晶体粒度分布规律，从而获得其定量结构化特征图谱，并与饱和度增加、生长速率增加、晶体的聚集与分离、晶体的分解与分离、岩浆混合、压滤和压熔作用，结构粗化过程、晶体的聚集生长过程等已知图谱进行对比，分析并判断黄陵球状岩的形成过程。

晶体粒度分布由二维立体转化法获得，杨宗锋（2013）曾详细介绍该流程，本书改进如下：制作球状岩样品光薄片，拍摄光薄片显微照片；将不同偏光、不同试板或不同消光位下的光薄片照片重合到图像处理软件（如 Photoshop）中的不同图层中，手动区分矿物并描绘矿物边界；将某一特定区域（如球壳或球核）中的一种矿物（如斜长石或角闪石）边界填充成黑色，利用图像处理软件（如 ImageJ），进行矿物面积、长轴、短轴、圆度、质心和含量分析；

将矿物量化数据导入数据处理软件（如 CSDCorrections 1.38）确定矿物三维习性，通过计算获得此种矿物晶体粒度分布特征；在同一区域对此种矿物进行多次统计，获得该区域内晶体粒度分布平均值；对不同区域的该种矿物进行多次统计，从而获得球状岩样品中不同部分的晶体粒度分布特征，再通过综合分析进而判断球状岩形成时所经历的物理过程。

第四章　黄陵球状岩矿物成分分析

针对不同结构的球状体，本书有针对性地开展采样工作，分别选择以暗色矿物为核心的单壳球状体（图4-1）和具有最多韵律壳层的韵律多壳球状体（图4-2）开展对比研究。

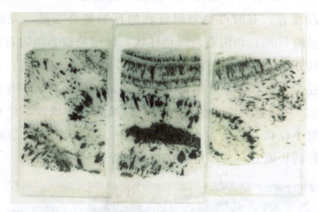

图4-1　以暗色矿物为核心的单壳球状体
注：每片探针片长5 cm，宽2.8 cm。

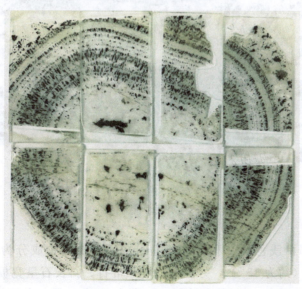

图4-2　韵律多壳球状体
注：每片探针片长5 cm，宽2.8 cm。

第一节 岩相学分析

对单壳球状体及多壳球状体分别进行岩石切片及探针片制备，通过对探针片进行高清扫描及显微镜下观察，进行岩相学分析描述。

如图 4-3 所示，单壳球状体呈椭球状，长径约为 5.5 cm，短径约为 2.5 cm。可分为暗色羽毛状生长壳、浅色环带以及暗色矿物集合体球核。暗色羽毛状生长壳具细粒板柱状结构，放射状构造，主要矿物成分为角闪石（约为 55%）、斜长石（约为 35%）、黑云母（约为 10%）以及少量副矿物，如钛铁矿、石英、锆石等。斜长石呈板柱状、粒状，粒径为 0.2~1.0 mm，聚片双晶及肖钠复合双晶发育，有时可见似棋盘状的肖钠复合双晶，表面绢云母化明显，斜长石含量约 50%；角闪石为绿色柱状，较球粒核心角闪石粒度小，长宽比大，呈放射状分布，具绿色—黄绿色多色性，含量约为 40%；石英为粒状或他形粒状，粒径为 0.25 mm，含量约为 10%；黑云母呈片状，片径为 0.5 mm，含量约为 0.5%，具褐色—浅黄色多色性，有绿泥石化现象，伴有微粒铁质析出；磁铁矿呈细小粒状，粒径为 0.05~0.1 mm，沿球粒边缘呈断续同心圈状分布，多数颗粒的长轴方向与环带面垂直或近垂直生长。

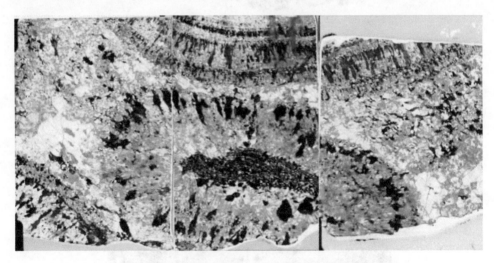

图 4-3 单壳球状体截面探针片扫描拼接图

注：每片探针片长 5 cm，宽 2.8 cm。

球状体内部由浅色环带和暗色核心组成，主要矿物成分为斜长石（约为 65%）、角闪石（约为 35%），另含有少量绿帘石。斜长石呈宽板柱状，颗粒粗大，粒径为 5~12 mm，发育肖钠复合双晶与聚片双晶，表面绢云母化明显，内部常包含其他矿物，如角闪石、石英等；角闪石，绿色，板柱状，柱体大小为 1.2 mm×2.5 mm，具深绿色—黄绿色多色性，分布于斜长石粒间，或被斜长石包裹，局部有碳酸盐化、绿泥石化现象。绿泥石呈鳞片状，具异常干涉色，为角闪石蚀变产物，含量约为 12%；石英为他形粒状，粒径为 0.7 mm，具波状消光；方解石含量约为 1%，呈他形粒状，粒径为 0.5 mm，具高级白干涉色，伴随绿泥石分布，二者共同交代角闪石；绿帘石呈细小粒状，粒径为 0.2~0.4 mm，亦为角闪石蚀变产物，与绿泥石共生，含量极少；磁铁矿呈他形粒状，粒径为 0.1~0.25 mm，个别横截面呈不完整方形，另有少量黄铁矿。

如图 4-4 所示，韵律多壳球状体近似球形，直径约为 10 cm。球壳为以长英质矿物为主的浅色层和含有大量角闪石的暗色层，二者韵律互层，形成 21 层黑白相间的同心环带。圈层之间间距大小不一，暗色层主要由角闪石、黑云母及少量斜长石、磁铁矿、黄铁矿等组成；浅色层主要由斜长石、石英及少量角闪石、黑云母、磁铁矿等组成。多壳层球核主要由长英质矿物组成。

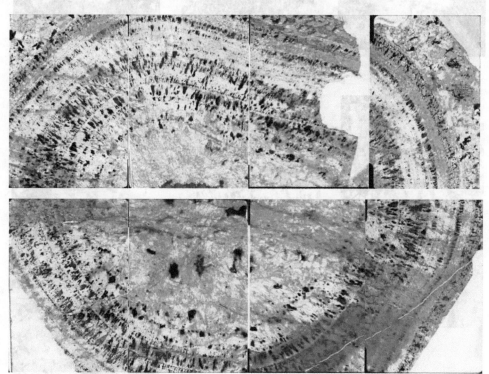

图 4-4 韵律多壳球状体截面探针片扫描拼接图

注：每片探针片长 5 cm，宽 2.8 cm。

球核部分（图 4-5a—图 4-5c）主要为斜长石（70%）、角闪石（15%）、钾长石（5%）、石英（5%），另有少量黑云母、磁铁矿、绿帘石、红帘石、方解石、赤铁矿等。斜长石多呈梳状生长，粒径为 1.3~5.4 mm，其中有钠长石或更-钠长石嵌晶；钾长石主要为条纹长石；角闪石粒径为 0.5~7.8 mm。基质部分由斜长石、角闪石、石英组成。值得注意的是，基质部分的石英颗粒粒径较大（约为 2 mm）。粒径较小的石英颗粒（约为 0.02 mm）填充于基质和最外层球壳之间。少量钛铁矿也分布于基质与最外层球壳之间。

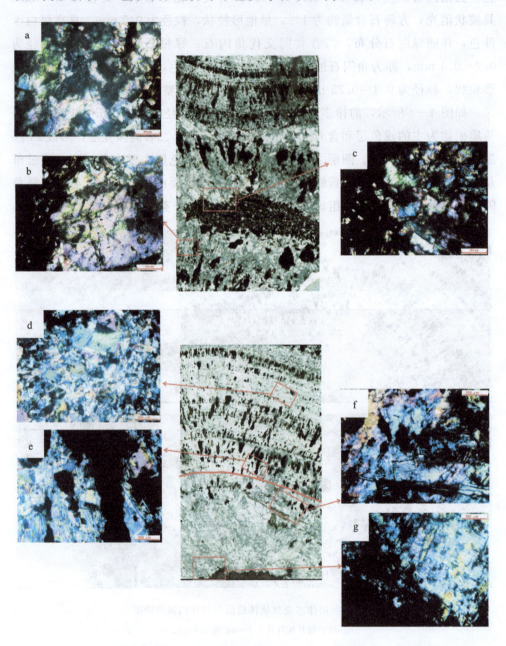

图 4-5　单壳球状体（a—c）及韵律多壳球状体（d—g）局部正交偏光图

注：薄片为加厚探针片，故矿物干涉色升高。

韵律壳（图 4-5d—图 4-5g）的矿物组成、分布规律、结构特征等描述如下。

第1层即最外层，以暗色层为主，宽约为2.2 mm。主要矿物成分为斜长石（约为50%）、角闪石（约为40%）、石英（约为5%）、黑云母（约为5%）以及少量绿泥石、磁铁矿和磷灰石。斜长石颗粒呈箭头状双晶，箭头指向球核。角闪石颗粒粒径为1~2 mm，其长轴方向垂直于该层，包裹有细小颗粒的磷灰石（粒径为0.01~0.02 mm）。石英颗粒粒径为0.02~0.05 mm。少量磁铁矿颗粒（粒径为0.15 mm）出现在该层中。

第2层是浅色层，宽约为2.4 mm。主要矿物成分为斜长石（约为90%）、角闪石（约为10%），以及少量钛铁矿和磷灰石，其中角闪石粒径为0.1~0.3 mm。

第3至20层为类似第1层、第2层的富斜长石层和富角闪石层的韵律互层，重要特征为：①第3层宽约为1.5 mm，比第1层含有更多的角闪石，其角闪石含量约为50%；②第4层、6层、8层、10层的宽度相当，在0.8~1.0 mm之间；③第5层、7层、9层、11层的角闪石含量约为45%，比第3层含量低。宽度范围为0.6~0.8 mm，比第3层窄。第5层中含有少量钛铁矿；④第12层、14层为长英质层，宽约为0.5 mm；⑤第13层为球壳中最宽的圈层，宽约为2.6 mm。主要矿物成分为斜长石（约为50%）、角闪石（约为50%）以及少量绿泥石、磷灰石。该层的角闪石颗粒较大，足以穿插到邻近的长英质圈层中。该层还出现少量金红石颗粒，但是没有石英颗粒；⑥第15层、17层、19层的角闪石颗粒粒径为2.0~2.2 mm，少量钛铁矿和金红石出现在第15层中；⑦第16层、18层、20层中出现少量石英，颗粒粒径为0.6~0.8 mm。

第21层为最内层，宽约为1.6 mm，角闪石颗粒边缘出现蚀变产物——黑云母和石英。

第二节 分区域能谱面扫

针对韵律多壳球状体开展从基质到球核连续19个区域能谱面扫（图4-6），挑选具有代表性的区域，基质区域（区域1）、环带区域（区域5、区域11、区域12）、球状体内部区域（区域18）能谱特征图展示如下。

从基质区域（区域1）能谱面扫代表性元素分布图（图4-7）可以看出，基质中分布有富集Si、O元素的大范围区域，即大颗粒石英（SiO_2）广泛发育在基质中。

从环带区域（区域5）能谱面扫代表性元素分布图（图4-8）可以看出，球状体环带区域（小颗粒角闪石排列区）没有发现Si元素富集区域，即未见石英分布。同一环带内的角闪石无明显成分差异，局部可见角闪石蚀变产物——绿泥石（Fe、Mg元素分布规律）。

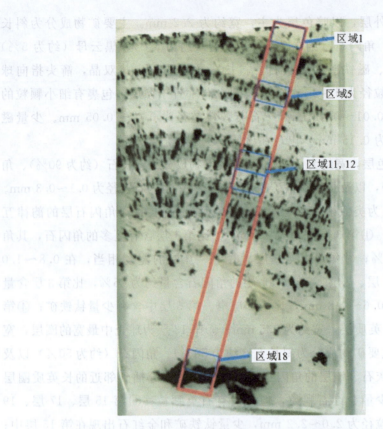

图 4-6　分区域能谱面扫区域示意图

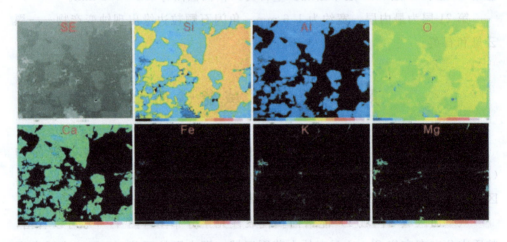

图 4-7　基质区域（区域1）能谱面扫代表性元素（Si、Al、O、Ca、Fe、K、Mg）分布图
注：SE 为电子图像缩写。

如环带区域（区域11、区域12）能谱面扫代表性元素分布图（图 4-9）所示，球状体环带区域（大颗粒角闪石排列区）没有出现 Si 元素富集区域，即未见石英分布。此外，在邻近的区域，主量元素未见尺度上的差异，角闪石成分

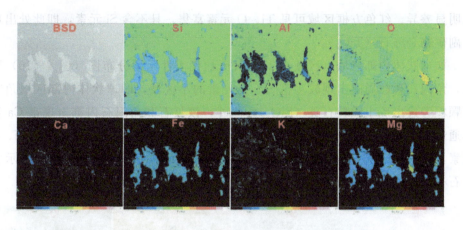

图 4-8 环带区域（区域 5）能谱面扫代表性元素（Si、Al、O、Ca、Fe、K、Mg）分布图
注：BSD 为背散射电子图像缩写。

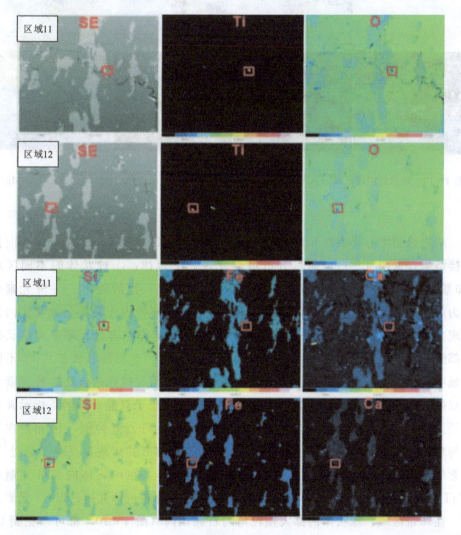

图 4-9 环带区域（区域 11、区域 12）能谱面扫代表性元素（Ti、O、Si、Fe、Ca）分布图

无明显差异。红色方框区域可见 Ti、O 元素富集，且不含 Si 元素，即此处出现了副矿物金红石（TiO_2）。

如球状体内部区域（区域 18）能谱面扫代表性元素分布图（图 4-10）所示，角闪石颗粒周围出现较多富 Si、O 元素的小区域，即球状体内部区域角闪石颗粒旁边出现小颗粒石英（SiO_2）；此外，该长石和角闪石内都出现富 Ca 流体通道，通道内不含 Si、Al、O、Mg 元素；三角形区域富含 Ca、Ti、Si、O 元素，为榍石 CaTi[SiO_4]O；斜长石以钾长石为主，K 元素分布特征显示钾长石存在格子双晶。

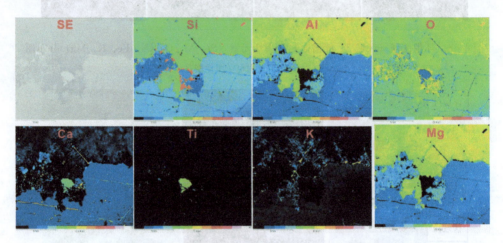

图 4-10 球状体内部区域（区域 18）能谱面扫代表性元素（Si、Al、O、Ca、Ti、K、Mg）分布图

从边缘到中心代表性元素（Si、Ca、Fe、Ti、K、Mg、Na、Al）连续面扫拼接结果详见图 4-11，通过分析可以发现如下规律：①球状体的不同区域（如基质、环带、球状体内部）中某些矿物分布存在一定的规律。以 Si 元素分布为例，大颗粒石英只分布在基质（球壳外）中，环带内无石英，球状体内部出现少量小颗粒石英；以 Fe 元素为例，在基质和球壳结合处、环带与球状体内部的过渡区域存在大颗粒磁铁矿（不含 Ti 元素，因此排除钛铁矿）。②不同区域中某些矿物结构不同。以 K 元素分布为例，基质与球壳结合处的 K 元素分布规律（针状）与球状体内部的 K 元素分布规律（格子双晶）不同，指示钾长石经历了不同的生长过程。③副矿物分布规律。以 Ti 元素为例，Ti 元素在基质与球壳结合处（富含 SiO_2）以金红石（TiO_2）的形式出现，反映了该处 Ti 元素的饱和状态；在环带内可见金红石（图 4-9），在球状体内部可见榍石（CaTi[SiO_4]O）（图 4-10）。④指示球状体内部存在流体通道。以 Ca 元素为例，在环带区域、球状体内部大颗粒角闪石颗粒内（图 4-10）都可以见到 Ca 元素呈脉状富集，并且不含 Si、Al、Mg、K、Fe、Ti 等元素，由于能谱面扫需

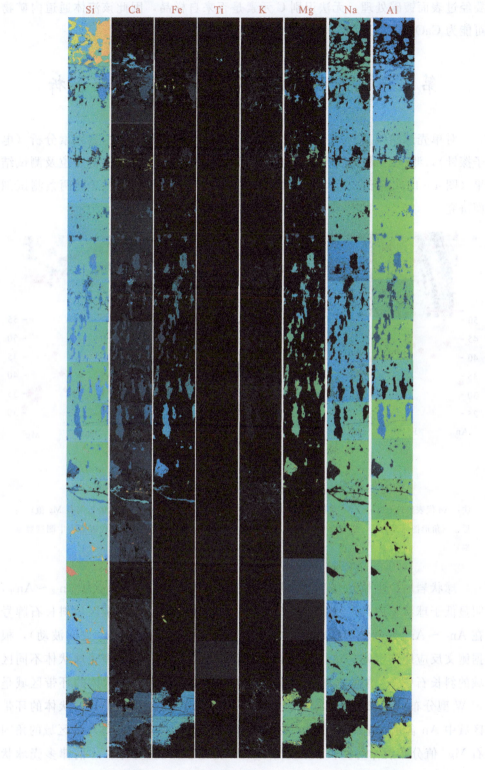

图 4-11 从边缘到中心代表性元素（Si、Ca、Fe、Ti、K、Mg、Na、Al）连续面扫拼接图

要经过表面镀碳处理，无法识别 C 元素是否来自样品，因此该流体通道内矿物可能为 CaO 或 $CaCO_3$。

第三节 代表性区域原位主量元素分析

对单壳球状体及韵律多壳球状体的代表性区域开展原位主量元素分析（电子探针），测试结果详见附表1。如代表性区域原位主量元素分析点位及测试结果（图4-12）所示，此次对两种样品的斜长石和角闪石分别开展两条测试剖面研究。

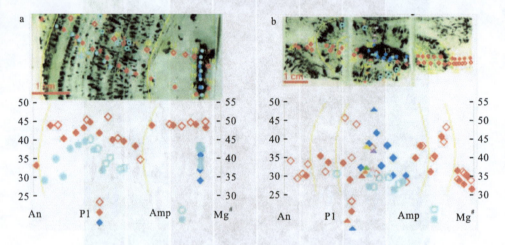

a. 韵律多壳球状体；b. 羽状单壳球状体。
图 4-12 代表性区域原位主量元素分析点位及测试结果图

注：An 代表斜长石牌号（An 含量），Pl 代表斜长石，Amp 代表角闪石，$Mg^{\#}$ 代表角闪石 Mg 值；菱形、三角形图标为斜长石测试点位及结果，圆形为角闪石测试点位及结果；数字代表附表中测试数据编号。

球状岩原位主量元素测试结果表明：①基质中斜长石牌号为 $An_{32} \sim An_{36}$，明显低于球状体内部区域斜长石牌号（如韵律多壳球状体环带区域斜长石牌号在 $An_{38} \sim An_{46}$ 之间波动，球状体内部斜长石牌号在 $An_{43} \sim An_{45}$ 之间波动），根据鲍文反应序列可知，球状体先结晶，基质后结晶。②韵律多壳球状体不同区域的斜长石中 An 含量呈现不同的分布规律——韵律多壳球状体的环带区域呈现 W 型分布，而球状体内部为近似均匀分布（图4-12a）；单壳球状体的环带区域中 An 含量也呈线性分布（图4-12b）。③韵律多壳球状体环带区域的角闪石 $Mg^{\#}$ 值分布规律与斜长石牌号相一致，为近似 W 型分布。④韵律多壳球状体内部以斜长石为主要成分，含少量角闪石。该区域斜长石牌号小范围波动，呈现近似平衡结晶状态，而多壳球状体内部大颗粒角闪石的 $Mg^{\#}$ 出现明显变化，指示结晶时成岩元素从富集到亏损的变化过程。⑤相应地，在单壳球状体内部，矿物组成以暗色角闪石结合体为主，含有少量斜长石矿物。该区域角闪石 $Mg^{\#}$ 在小范围内波动，呈现近似平衡结晶状态，而角闪石集合体内部的斜长石中 An 含量存在大范围波动，指示结晶时成岩元素从富集到亏损的变化过程。⑥单壳球状体单壳区域、壳内长石环带区域、内部角闪石富集区域存在成分壁垒（差异明显），单壳区域斜长石呈现离中心越近斜长石牌号越低的线性分布规律（指示斜长石从外向内生长），内部长石环带区域也呈现离中心越近斜长石牌号越低的线性分布规律（指示斜长石从外向内生长）。

第五章 黄陵球状岩形成时代及物质来源

第一节 分区域样品切割、锆石分选及阴极发光显微图像

对韵律多壳球状体不同区域（图5-1）进行岩石切割，将其分为球状体内部及剩余部分（韵律环带＋壳部），再将上述两个区域岩石样品进行破碎，进而开展全岩锆石分选工作，运用重液及电磁法将矿物逐一分离，分选出锆石颗粒。

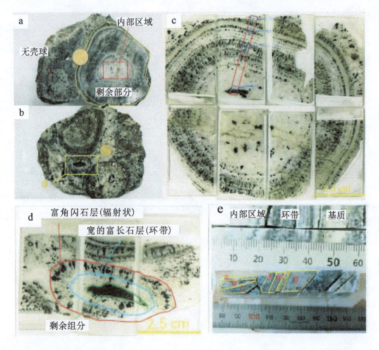

a. 韵律多壳球状体手标本照片；b. 单壳球状体手标本照片；c. 韵律多壳球状体探针照片；d. 单壳球状体探针照片；e. 韵律多壳球状体分区研究示意图。

图5-1 黄陵球状花岗闪长岩手标本照片及探针片照片

然后在双目镜下挑选出晶形发育完好，没有明显裂痕的锆石制作成环氧树脂测试靶，冷却固结后打磨抛光，以待显微（反射光、透射光）照相、阴极发光（CL）显微图像分析。如球状体内部全岩分选锆石阴极发光显微图像（图5-2）所示，多壳球状体内部区域分选出来的锆石为板状、短柱状结构。而从球状体剩余部分（环带＋壳部）全岩分选锆石阴极发光显微图像（图5-3）可以清楚地看到，该区域锆石呈现核-幔-边结构。

图5-2 球状体内部全岩分选锆石阴极发光显微图像

因此，球状岩存在两大类不同结构的锆石：Type-Ⅰ核幔边结构，Type-Ⅱ板状、短柱状结构。值得注意的是，球状体内部并无核-幔-边结构的锆石，即核-幔-边结构锆石只可能存在于球状体切除球心之后的剩余部分（韵律环带或者壳部）中。此外，对核-幔-边结构锆石进行进一步观察（图5-4），Type-Ⅰ核幔边结构锆石存在两种亚型，核心区域为亮色以及核心区域为暗色。

为了判断核-幔-边结构锆石究竟分布在球状体的什么位置，对球状体不同区域开展原位锆石阴极发光拍照工作（图5-5），确认了核-幔-边结构锆石仅分布在基质与球壳结合部。

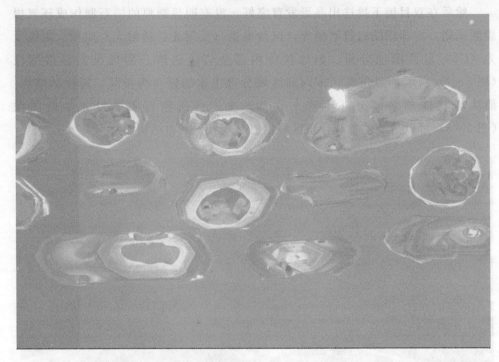

图 5-3 球状体剩余部分（环带+壳部）全岩分选锆石阴极发光显微图像

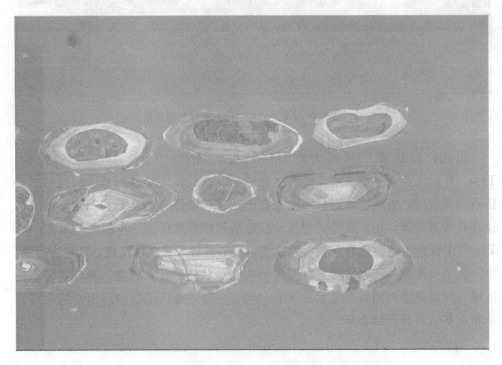

图 5-4 核-幔-边结构锆石阴极发光显微图像

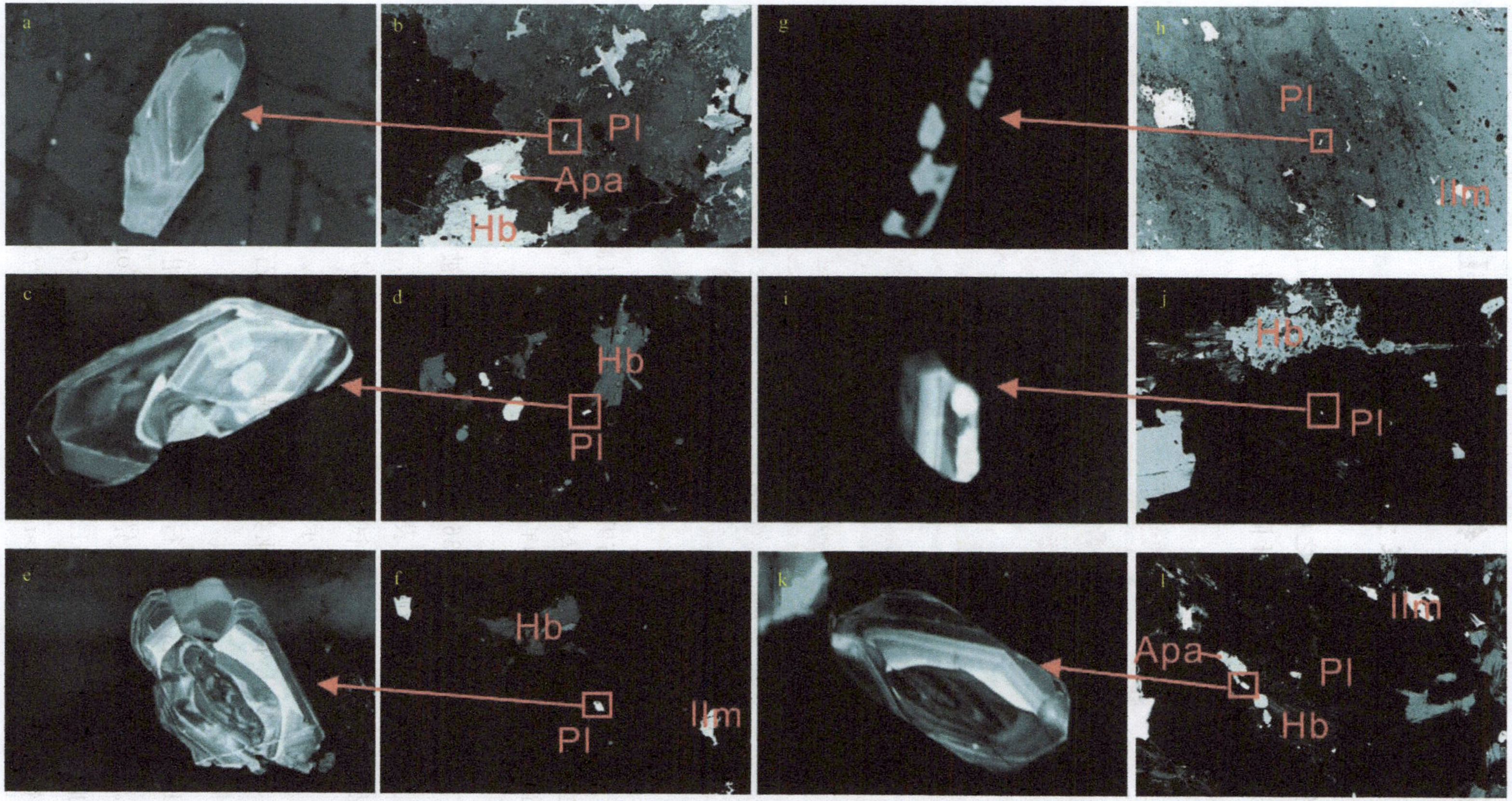

第五章 黄陵球状岩形成时代及物质来源

图5-5a、图5-5c、图5-5e以及图5-5b、图5-5d、图5-5f指示核-幔-边结构锆石只出现在基质与球壳结合部。图5-5g、图5-5i以及图5-5h、图5-5j展现出板状锆石出现在球状体内部斜长石颗粒内；图5-5k以及图5-5l显示短柱状锆石出现在球状体内部角闪石颗粒内。

图5-5 探针片原位锆石阴极发光显微图像

注：Ap代表磷灰石，Hb代表角闪石，Ilm代表钛铁矿，Pl代表斜长石。

第二节 分选锆石 U-Pb、Lu-Hf 同位素分析测试

了解了锆石结构与分布特征之后,在分选出来的锆石靶上,对两种不同结构的锆石,开展 U-Pb、Lu-Hf 同位素分析测试,部分代表性测试点位及测试结果见图 5-6。

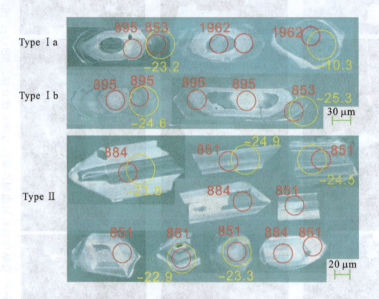

图 5-6 不同结构锆石阴极发光图像及 U-Pb-Hf 测试点位

注:黄色大圈代表 Lu-Hf 同位素测试点,黄色负数代表 $\varepsilon_{Hf}(t)$ 值,红色小圈代表 U-Pb 测试点位,红色正数代表 U-Pb 谐和年龄。

42 颗 Type-Ⅰ型锆石以及 36 颗 Type-Ⅱ型锆石被挑选出来进行测试,U-Pb 同位素测试结果详见附表 2。值得注意的是,Type-Ⅰ型锆石中 Type-Ⅰb 亚类的重结晶锆石核测试结果与 Type-Ⅰa 亚类的及 Type-Ⅰb 亚类的幔部区域 U-Pb 结果一致,指示了部分锆石核被改造。因此,在数据处理及解释的时候,我们将 Type-Ⅰb 亚类的重结晶核部的锆石年龄当作幔部数据来进行分析和解释。

对 U-Pb 同位素测试结果进行分析处理,进而绘制出锆石谐和年龄分布图 (图 5-7)。15 个 Type-Ⅰ型锆石核 (Type-Ⅰ Core) 测试结果显示,$^{207}Pb/^{206}Pb$ 加权谐和年龄为 (1961±19) Ma (MSWD=0.86, $n=15$);13 个 Type-Ⅰ型锆石幔 (Type-Ⅰ Mantle) 测试结果显示,$^{207}Pb/^{206}Pb$ 加权谐和年龄为 (895±5) Ma (MSWD=0.99, $n=13$);14 个 Type-Ⅰ型锆石边

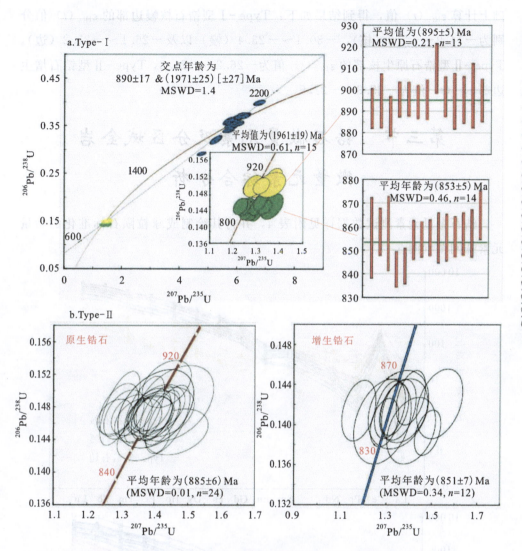

a. Type-Ⅰ型锆石年龄分布图；b. Type-Ⅱ型锆石年龄分布图［分为初始结晶年龄（左下图）以及后期增生再造年龄（右下图）］。

图 5-7 锆石谐和年龄分布图

（Type-Ⅰ Rim）测试结果显示，$^{207}Pb/^{206}Pb$ 加权谐和年龄为（853±5）Ma（MSWD=0.95，n=14）。24 个 Type-Ⅱ型锆石原生核部（Type-Ⅱ primary domains）得到 $^{207}Pb/^{206}Pb$ 加权谐和年龄为（885±6）Ma（MSWD=0.01，n=24）；12 个 Type-Ⅱ型锆石增生边（Type-Ⅱ Overprints）得到 $^{207}Pb/^{206}Pb$ 加权谐和年龄为（851±7）Ma（MSWD=0.34，n=12）。Type-Ⅰ型锆石边部年龄（853±5）Ma 与 Type-Ⅱ型锆石增生边年龄（851±7）Ma 在误差范围内一致。

在 U-Pb 同位素测试的基础上，挑选部分测试点进一步开展 Lu-Hf 同位素分析，Lu-Hf 同位素测试结果详见附表 3。在 Lu-Hf 同位素测试结果的基

础上计算 $\varepsilon_{Hf}(t)$ 值，得到结果如下：Type-Ⅰ型锆石核幔边部的 $\varepsilon_{Hf}(t)$ 值分别为 $-14.9\sim-7.3$（核），$-30.1\sim-23.4$（幔）以及 $-26.1\sim-23.2$（边）。Type-Ⅱ型锆石原生核部的 $\varepsilon_{Hf}(t)$ 值为 $-26.2\sim-21.8$，Type-Ⅱ型锆石增生边部 $\varepsilon_{Hf}(t)$ 值为 $-25.3\sim-22.9$。

第三节　锆石微量元素及分区域全岩微量元素综合分析

锆石微量元素测试数据详见附表4，并将其绘制成球粒陨石标准化的微量元素蛛网图（图5-8）。

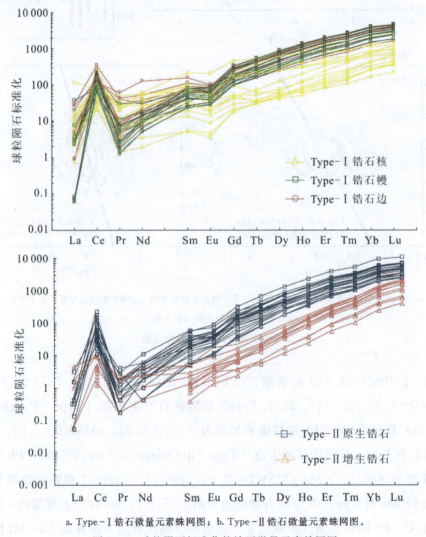

a. Type-Ⅰ锆石微量元素蛛网图；b. Type-Ⅱ锆石微量元素蛛网图。

图5-8　球粒陨石标准化的锆石微量元素蛛网图

如球粒陨石标准化的锆石微量元素蛛网图所示，Type-Ⅰ锆石核幔边部数据都呈现 Ce 元素正异常，亏损亲稀土元素（LREE）以及富集重稀土元素（HREE）。但是，Type-Ⅰ核部（Type-Ⅰ Core）与幔部（Type-Ⅰ Mantle）、边部（Type-Ⅰ Rims）相比，有更低的重稀土元素（HREE）含量（图 5-8a）。对于 Type-Ⅱ 锆石，尽管 Type-Ⅱ 型锆石原生核部（Type-Ⅱ Primary domains）和 Type-Ⅱ 型锆石增生边部（Type-Ⅱ Overprints）呈现出相似的轻稀土元素（LREE）亏损、重稀土元素（HREE）富集规律，两者也有截然不同的稀土元素分布图形，是因为 Type-Ⅱ 型锆石原生核部有着更高的稀土元素含量。

对多壳球状体（图 5-1e）不同区域进行岩石切割，将其分为 a 至 g 7 个区域，其中 a、b 2 个区域在球状体中心区域，c、d、e、f 4 个区域在球状体环带区，g 区为基质区域。将上述 7 个岩石微区样品进行破碎，进而进行局部全岩微量元素测试，测试结果详见附表 5 及图 5-9。所有区域呈现相对平坦的分布特征，亏损 Ce 元素、富集 Eu 元素，LREE 相对富集，HREE 相对亏损。具体来说，a 区和 b 区（多壳球状体中心区域）稀土元素含量相近，而 g 区（基体）稀土元素含量最高，f 区（环带）稀土元素含量最低。

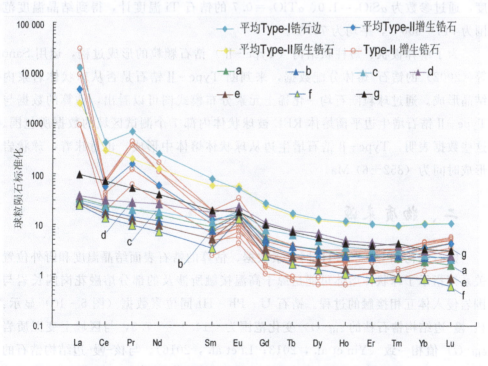

图 5-9　多壳球状体局部球粒陨石标准版全岩微量元素测试结果

第四节 球状岩形成时代及物质来源

一、形成时代

锆石结构特征及原位 CL 照片,显示核-幔-边结构(Type-Ⅰ)锆石颗粒只位于基质与最外壳的边界处,板状、短柱状结构(Type-Ⅱ)锆石颗粒位于韵律层多壳球状体的内部。这些特征表明,核-幔-边结构(Type-Ⅰ)锆石颗粒来源于"基体熔体"与"球状体熔体"接触过程,并且板状、短柱状锆石形成于球状体内部。核-幔-边结构锆石颗粒通过 U-Pb 同位素分析获得了三组年龄(1961±19 Ma,895±19 Ma 和 852±6 Ma),分别记录了原岩岩浆形成时代、熔化侵位时代以及球状岩形成时代。这个解释被地质学证据所支持:①黄陵穹隆基底记录有 2000~1950 Ma 麻粒岩、S 型花岗岩和含石墨富铝变质岩(Wu et al.,2008;Yin et al.,2013;Li et al.,2016)。②黄陵穹隆记录了约 900 Ma 的岩浆侵位事件(Zhao et al.,2013)。③核-幔-边结构锆石边的结晶温度,通过参数为 $aSiO_2=1.0$、$aTiO_2=0.7$ 的锆石 Ti 温度计,得到结晶温度范围为 714~806℃,平均为 760℃。

为了解释板状、短柱状结构(Type-Ⅱ)锆石颗粒的形成过程,运用 Sano 等(2002)的锆石/熔体分配数据,来判断 Type-Ⅱ锆石是否从球状体岩浆内结晶形成。通过球粒陨石均一化稀土元素分布模式图可以看出,估算的数据与 Type-Ⅱ锆石增生边平衡熔体 REE 被球状体内部 7 个测试区域的数据所包围。这些数据表明,Type-Ⅱ锆石增生边从球状体熔体中形成,也意味着,球状岩形成时间为(852±6)Ma。

二、物质来源

锆石结构和 U-Pb-Hf 同位素数据、估算的锆石表面结晶温度和野外位置关系都指示了球状体熔体可能是源于高温接触所涉及的部分熔融花岗闪长岩与围岩侵入体互相接触的过程。锆石 U-Pb-Hf 同位素数据(图 5-10)显示:核-幔-边结构锆石核的 $\varepsilon_{Hf}(t)$ 变化范围为 -14.9~-7.3,与区域上变泥质岩 $\varepsilon_{Hf}(t)$ 值相一致(Yin et al.,2013;Li et al.,2016)。与核-幔-边结构锆石的幔及边缘部位相比,核部锆石的核 HREE 含量较低,表明原岩富含石榴子石(石榴子石很可能没有熔融),这是变质岩的典型特征(Yin et al.,2013)。事实上,基质熔体显示出与黄陵庙花岗岩套相似的同位素特征,即由闪长岩-花岗闪长岩深熔加厚而形成的地壳岩石。板块、块状锆石具有与三斗坪石英闪长岩-英云闪长岩组类似的锆石结构和 U－Pb 年龄特征（Zhang et al，2009）。估算的熔体接触温度为 760℃（对核-幔-边结构锆石的边部进行 Ti 饱和温度计算得出），与全岩锆饱和温度计计算结果 708～749℃ 以及石英-锆石的氧同位素温度计计算温度范围 600～800℃ 相一致。因此，球状体熔体具有与母岩浆为三斗坪石英闪长岩-英云闪长岩组相类似的同位素特征。此外，黄陵球状花岗闪长岩南部与花岗闪长岩接触，北部和东部与石英闪长岩接触，该野外接触关系也表明球状岩熔体可能是由高温接触过程相关部分熔融的花岗闪长岩与闪长岩侵入体之间相互作用而形成的。

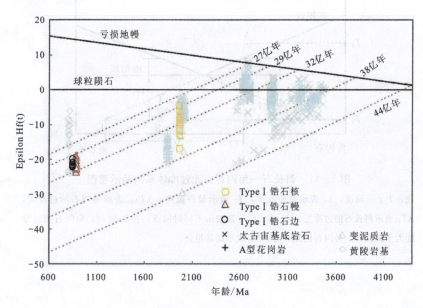

图 5-10　黄陵球状岩及该区域基底岩石锆石 U-Pb-Hf 数据统计图

三、形成过程

黄陵球状花岗岩的球状体和基质具有不同的母岩浆性质，即黄陵球状花岗闪长岩由"球状体熔体"与"基质熔体"接触形成。具体过程为石英闪长质岩浆与花岗闪长岩接触导致局部部分熔融，温度较高的石英闪长质岩浆在温度较低的花岗闪长质岩浆中"淬火"，由外向内快速结晶。两种岩浆接触的时间被限定为新元古代[(852±6) Ma]。

在此基础上，本书首次提出韵律多壳球状体和羽状单壳球状体均由角闪石—斜长石二元体系在过冷状态下不平衡结晶形成（图 5-11）。韵律多壳球状体和羽状单壳球状体分别对应低生长速率、高成核率（晶体粒度小）以及高生长速率、低成核率（晶体粒度大）。具体而言，韵律多壳球状体经历了由"不平衡结晶"（形成韵律壳）到"近平衡结晶"（形成球状体核部）的两阶段过程。在不平衡结晶状态下，角闪石先结晶，形成富角闪石壳层，剩余熔体中的斜长石组分过饱和，再形成富斜长石壳层，过冷状态驱使该二元体系交替形成韵律壳。多壳球状体的韵律层数量由过冷状态持续的时间决定，韵律层中每一层的宽度（或厚度）由冷却速率决定。羽状单壳球状体则类似于一对"厚"的富角闪石壳层与"厚"的富斜长石壳层。如果"球状体熔体"中有过量的角闪石组分，则最终形成的球状体核心为暗色。反之，核心为浅色。

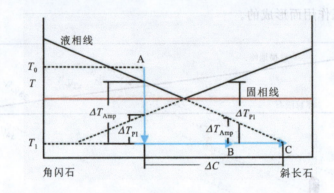

图 5-11 斜长石—角闪石二元过冷体系结晶示意图

注：T 表示温度，T_0 表示初始温度，T_1 表示最终温度；ΔT_{Amp} 表示角闪石的过冷度，ΔT_{Pl} 表示斜长石的过冷度；A、B、C 分别表示不同时间点，在 A 时刻，角闪石的过冷度大于斜长石，角闪石优先结晶；ΔC 表示结晶组分。

第六章 黄陵球状岩晶体粒度分布特征

第一节 分析软件

一、ImageJ

ImageJ 是一款基于 Java、National Institutes of Health 开发的功能强大的图像处理软件，在科研中应用极为广泛。ImageJ 能够显示、编辑、分析、处理、保存、打印 8 位、16 位、32 位的图片，支持 TIFF、PNG、GIF、JPEG、BMP、DICOM、FITS 等多种格式。

ImageJ 支持图像栈功能，即在一个窗口里以多线程的形式层叠多个图像，并行处理。只要内存允许，ImageJ 能打开任意多的图像进行处理。

除了基本的图像操作，比如缩放、旋转、扭曲、平滑处理外，ImageJ 还能进行图片的区域和像素统计、间距、角度计算，能创建柱状图和剖面图，进行傅里叶变换。ImageJ 软件的操作界面如图 6-1 所示。

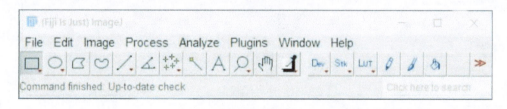

图 6-1 ImageJ 软件操作界面

二、CSDCorrection

目前常用的晶体粒度分析方法有以下几种：二维立体转换法、连续剖面法、X 射线层析技术等，其中运用最广的是二维立体转换法。二维立体转换法常用CSDCorrections软件进行处理解释。Higgins（1998）研究认为，可以根据晶体的2D剖面对晶体三维习性进行估计，为此他开发了CSDCorrections软件，使得对2D剖面的研究转换为对晶体三维习性的研究，更为直接。二维立体转换法的优点在于能够获得晶体的三维习性，并且可以根据已知体积含量得出晶体的布居密度。

在CSDCorrections软件中，具有重要指示意义的参数有截距、斜率、特征粒度等。在Classic CSD界面中，纵轴表示晶体的布居密度，横轴表示晶体的长度。二者通常呈现半对数的线性关系。晶体的布居密度指的是单位体积给定长度的晶体数目，晶体的长度多指晶体的长轴；斜率的负倒数 G_r 表示晶体的特征粒度或特征长度，其物理意义是晶体的平均长度。此外，CSDCorrections软件中，也可以根据截距和斜率的协变关系，来讨论岩浆体系的开放程度。截距的变大可以暗示成核速率的加快。CSDCorrections的操作界面如图6-2所示。

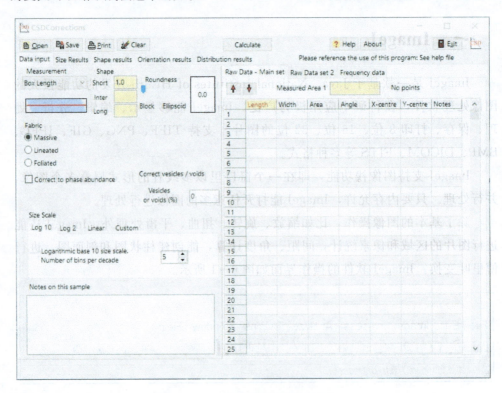

图6-2 CSDCorrections软件操作界面

第二节 分析原理

20世纪80年代末，Marsh第一次将晶体粒度的分布理论应用于岩浆作用系统中，并且讨论了将晶体粒度分布的特征用于解释岩浆结晶作用的物理化学过程。所以，岩浆成岩系统中关于晶体分布平衡的方程式可以表示成：

$$\frac{\partial(Vn)}{\partial t}+\frac{\partial(GVn)}{\partial L}+Qn=0 \qquad (6-1)$$

式中，n 为晶体粒度间隔密度（population density）；G 为晶体生长速率；V 为岩浆系统的体积；L 为晶体粒度；t 为结晶的时间；Q 为注入与流出岩浆系统中的岩浆体积的差值。晶体粒度分布表示的是一种岩石中一种矿物 $\ln(n)$ 与 L 的关系。

Marsh（1988）分别探讨了封闭体系和开放体系下关于晶体结晶生长的理论模型，但得到的结论是两种理论模型具有一样形式的平衡方程，如式（6-2）所示：

$$n=n^0\exp\left(-\frac{L}{G_{\tau}}\right) \qquad (6-2)$$

式（6-2）取自然对数可以得到：

$$\ln(n)=\ln(n^0)+\left(-\frac{1}{G_{\tau}}\right)L \qquad (6-3)$$

所以，在研究过程中，晶体布居密度与晶体长度通常是一种半对数的关系。晶体长度大多数情况下由晶体的长度表示。这种分析方法称为晶体粒度分布（crystal size distributions，简称 CSD）。然而本书设计实验所使用的样本是一个二维的截面图，所以这里就运用了图像识别技术中的二维立体转换法。

第三节　实验设计

图像识别粒度特征分析实验主要有如下几个步骤。

（1）将岩石切片的电子高清照片置于专业图片编辑软件中，在不改变切片间相对面积的前提下，尽可能切去玻片的非岩石样本部分，防止空白区域在测量中影响实际参数计算。岩石切片拼接时，要对齐岩石原本切面的正确位置，同一大小的矿物结晶颗粒要拼接在同一圈层，防止影响样本的粒度布居密度特征。描绘好的矿物轮廓图用 RGB 颜色模式导出为 TIF 格式的图，图像分辨率需要根据样品具体特征确定，通常不小于 600dpi。分辨率不够时，统计的颗粒数会小于实际圈画的数目。

（2）首先在 ImageJ 中打开剪切后的样本图片，然后在 Image 菜单下将图片格式（Type）改为 8-bit，修改之后所有颗粒会变成灰色。在 Image 菜单下选择 Adjust 选项中的 Threshold 将图片调整为黑白两色。注意调节灰度时，因为样品切片的浅色矿物区域的颜色深浅差异不同，难以选取某一阈值较好地将切片各个部分的暗色矿物剥离出来并且保证还原准确的颗粒大小。本书可以分各个区域调节多个阈值，以每个区域作为核心处理的照片，只测量该区域的粒度特征，就能获得良好的统计结果。

（3）设置统计参数。在 Analyze 菜单下的 Set Mesurements 选项中设置需要测量的参数。面积（Area）、质心（Centroid）、椭圆拟合（Fit Ellipse）和含量（Area Fraction）为必选项。根据图像分辨率和颗粒大小，设置计算结果保留的有效数字位数（Decimal Places），通常保留四位。

（4）设置比例尺。根据导入图片中的比例尺计算已知距离，已知距离的具体算法为线段比例尺代表的实际长度除以线段比例尺在图片中的长度，线段比例尺在图片中的长度是线段比例尺两端点横坐标差值的绝对值。把计算得到的已知距离填到 Analyze 菜单下 Set Scale 中的 Known Distance 选项中，并把长度单位（Unit of Length）改为线段比例尺的长度单位，通常是毫米（mm）。修改以上参数后图片会变为真实大小，并在图片左上方出现具体的尺寸，此时，可以与定性估计值比较，确定是否出现错误。需要注意的是，以上比例尺计算方式只适合 TIF 格式图。

（5）区域选择。菜单栏有很多图形工具，使用闭合的图形选取区域后，测量时只会统计黄色边界内的区域。另外使用魔棒工具可以选取不规则的区域。

（6）分析颗粒。在 Analyze 菜单下 Analyze Particles 选项中选择 Display Results 和 Summarize 选项。可以根据需要设置统计分析的粒度范围，通常默认为 oInfinity。在 Show 选项中选择 Outlines 或 Add to Manager，颗粒分析完成后会显示每个颗粒的轮廓和相应的编号，通过这些编号和相应的计算结果可以找到异常的颗粒，例如某些异常小的颗粒和连接在一起的颗粒，可以选择切割连接的颗粒。如果异常颗粒较多，应该重新划分阈值，使矿物颗粒的边界清晰后，在 Analyze 菜单下细胞切割选项中将颗粒分开后再计数。

（7）导出相关参数。在 Plugins 菜单下 Macros 选项中加载（Install）CSD_output 宏文件，此文件可网上下载（http://www.uqac.ca/mhiggins）。在 Plugins 菜单下选择 CSD output 导出 CSD 文件，文件名保存为 .CSD 格式。注意导出时同样保存一份 .CSV 格式文件，在 Excel 中转成 XLS 格式保存一份完整的数据。

（8）输入 CSD 相关参数。在 CSDCorrections 软件中需要改动的地方有晶体的三维形态、圆度、测量的面积、粒度间隔和矿物含量。打开在 ImageJ 中保存的 CSD 格式文件，在确认各参数无误后点击计算。校正矿物含量是否选择会影响 CSD 的截距和斜率，所以要取消勾选少数红色的错误点位。

（9）将 CSDCorrections 计算的数据保存到 Excel 中，进行布居密度特征分析。

（10）一共设计四组实验，分别有等距法、分区法和由外向里与由里向外两两组合,分析判断最适合观察样品粒度变化的图像识别方法。

第四节 实验操作

将多壳球状花岗闪长岩(MSO)的岩石切片电子照片载入专业图像编辑软件中,进行切割拼接处理。拼接后的样本虽然在部分区域有缺失块,但仍然可以清晰地观察到原岩的颗粒分布以及颗粒特征与尺寸变化(图6-3)。

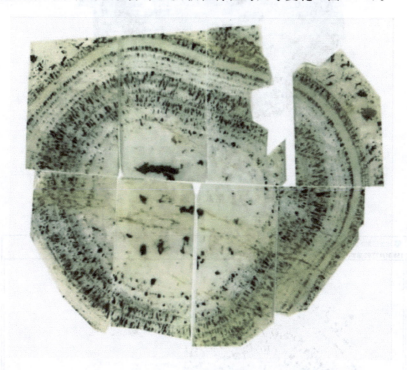

图6-3 切割拼接后的多壳球状花岗闪长岩

在ImageJ中将图片格式更改为8-bit,并在Image菜单下选择Adjust选项中的Threshold将图片调整为黑白两色(图6-4)。

多壳球状花岗闪长岩(MSO)的矿物颗粒边界绝大部分比较清晰,可以比较容易选取到一个合适的阈值来划分暗色矿物。在图中做一条与玻片宽等长的直线,并在Analyze菜单下Set Scale中的Known Distance选项中,把长度单位(Unit of Length)改为线段比例尺的长度单位,通常是mm(图6-5)。

选取一个区域,测量并记录区域面积。选择细胞计数选项,存储颗粒信息(图6-6)。

打开CSDCorrections软件编辑对应参数,带入ImageJ保存的数据,输入测量区域面积,即可点击计算得到结果(图6-7)。

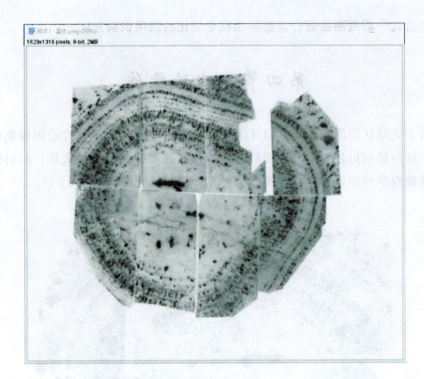

图 6-4　格式更改为 8-bit

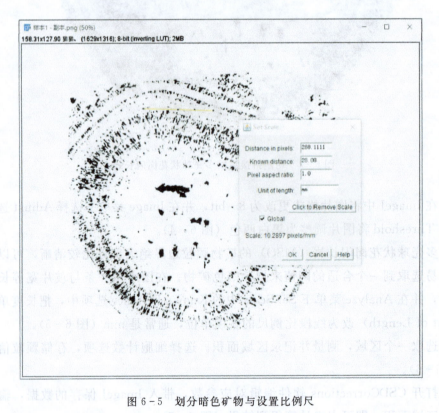

图 6-5　划分暗色矿物与设置比例尺

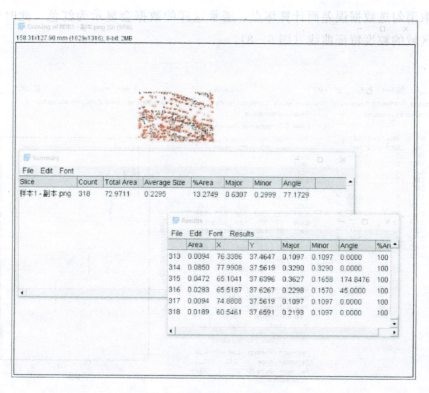

图 6-6 区域选取与细胞计数

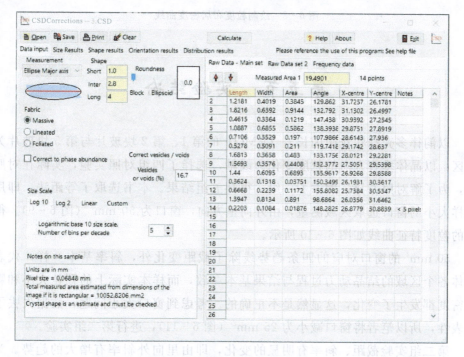

图 6-7 CSDCorrections 数据输入

取消勾选数据误差而计算坏点，通常这样的数据会显示为红色。此时可得到该区域的粒度特征曲线（图6-8）。

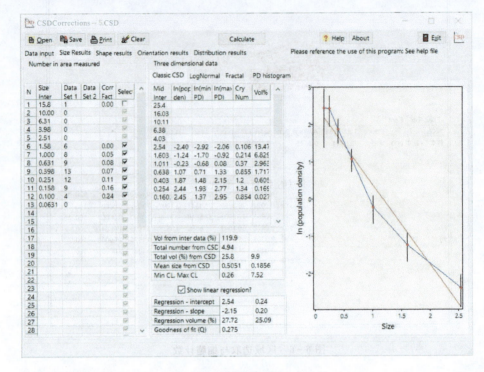

图6-8 绘制粒度布居密度曲线

第五节 实验结论

以韵律多壳球状花岗闪长岩（RMO）的第1、第2块玻片与第5块玻片为选区，以晶体垂直方向的粒度变化为线轴，选择了四组对照实验，实际在对照中，为了解对照差异，增添了一组，得到五组结果。本书选取了等距法，即用同样大小的窗口选取区域测量，由外向里方向，窗口为50 mm^2（图6-9）。得到的粒度特征曲线如图6-10所示。

50 mm^2 的窗口对应的四条趋势线除了截距变化外，斜率基本一样，代表晶体各个区域的结晶动力过程与结果基本一致，而样本实际上的颗粒大小和颗粒密度都发生了变化，这显然是不正确的。考虑到窗口大小问题，数据失去了代表性，所以笔者将窗口减小为25 mm^2（图6-11），进行第二组实验。

第二组实验截距、斜率有明显的变化，即由里向外斜率有增大的趋势。为了验证这一观点，补做了一组由里向外，窗口为25 mm^2 的数据组，发现结果与图6-12所示一致。但仍然不足以描绘样本变化，所以继续使用分区法，从

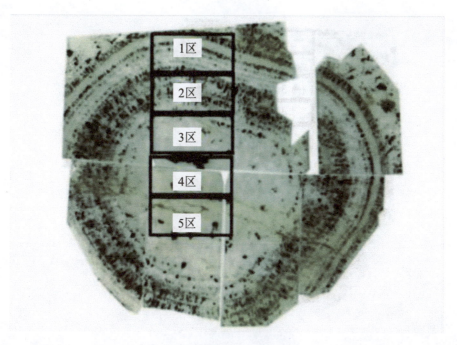

图 6-9 等距法分区示意图

注：等距窗口为 50 mm²。

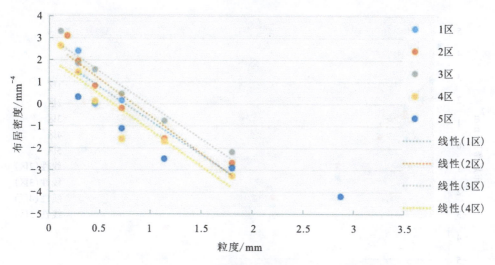

图 6-10 等距法晶体粒度布居曲线

注：等距窗口为 50 mm²。

人工角度将样品分为多个区域（图 6-13；第二章中已经将样品分为 21 个圈层），将粒度与密度发生明显变化的区域分开，得到了如图 6-14、图 6-15 所示的晶体粒度布居密度特征曲线。

通过以上分析研究不难发现，分区法得到的粒度特征曲线变化更加的细致

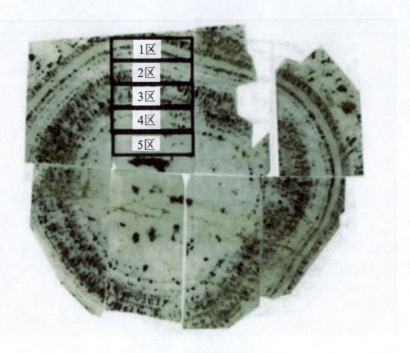

图 6-11　等距分区示意图

注：等距窗口为 25 mm²。

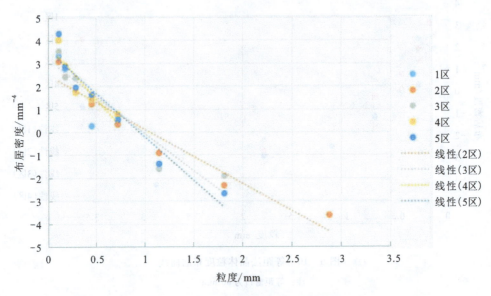

图 6-12　等距法晶体粒度布居曲线

注：等距窗口为 25 mm²。

与复杂，如通过分区法由里向外实验组可以发现 1 区为球核部分，该趋势线并未与其他区域形成规律，2～4 区是中间环带，5～7 区为外层环带，并且趋势线

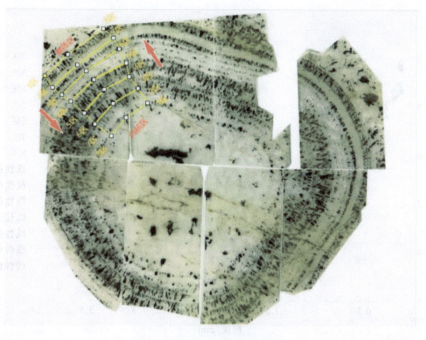

图 6-13 分区法分区示意图

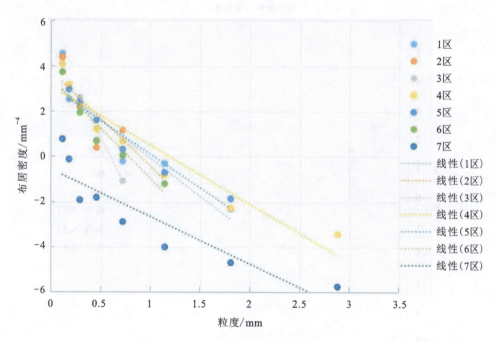

图 6-14 分区法晶体粒度布居曲线

注：方向由外向里。

的变化只在各个环带内有规律地表现（图 6-16、图 6-17）。本书把各环带趋势线分开。

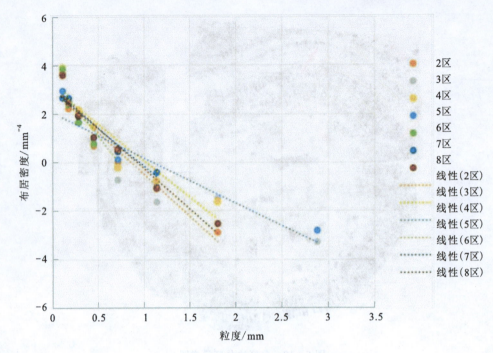

图 6-15　分区法晶体粒度布居曲线

注：方向由里向外。

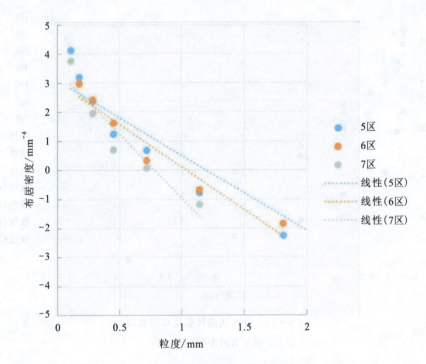

图 6-16　分区法外层环带粒度变化特征

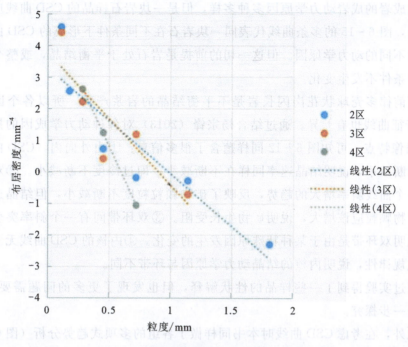

图6-17 分区法内层环带粒度变化特征

各个环带内都由里向外斜率减小，而环带间会有一个斜率突变的过程，即在距离样本3.6cm处，外环带与内环带交界的地方特征曲线的斜率突然变缓的现象（图6-18）。

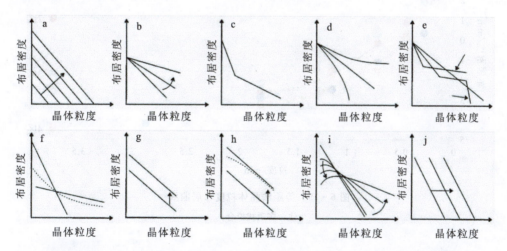

a. 饱和度增加（Marsh，1988）；b. 晶体的存留时间或生长速率增加（Higgins and Roberge，2007）；c. 两种成核过程；d. 晶体的聚集与分离；e. 晶体的分解或分解与分离；f. 两种岩浆的混合；g. 压滤作用；h. 压滤和压熔作用；i. 结构粗化过程（CN方式）（Higgins，1998）；j. 晶体的聚集生长。

图6-18 一些可能影响晶体粒度分布（CSD）形状的动力学过程

火成岩的成岩动力学原因多种多样，但是一块岩石样品的CSD曲线应该只有一条，图6-15的多条曲线代表同一块岩石在不同条件下形成的CSD曲线所蕴含的不同的动力学原因。但这一切的前提是岩石处于平衡结晶，或整个结晶过程中条件不发生变化。

而韵律多壳球状花岗闪长岩是不平衡结晶的岩浆产物，所以各个区域的CSD特征曲线也有差异。通过结合杨宗锋（2013）对各种动力学成因的描述与CSD图像特点，可知图6-12同样蕴含了很多信息：①由外向内，CSD曲线的截距不断减小，说明结晶速率同样在不断减小，即过冷度不断减小。②双环带都有一个曲线斜率增大的趋势，反映了矿物颗粒粒度不断减小，但结晶速率减小，矿物颗粒应该增大，说明矿物生长受阻。③双环带间有一个斜率突变的现象，说明双环带是由于某种特殊原因发生的变化。④内核的CSD曲线无法与环带形成规律性，说明内核的结晶动力学原因与环带不同。

通过实验得到了一些样品的性状解释，但也发现了更多的问题需要解决，需要进一步探究。

此外，在考虑CSD曲线时本书同样做了各组的多项式趋势分析（图6-19、图6-20）。二次多项式拟合的效果并不好，因为一般情况下，粒度大小与布居密度的对数呈反比关系，并且是一条直线。

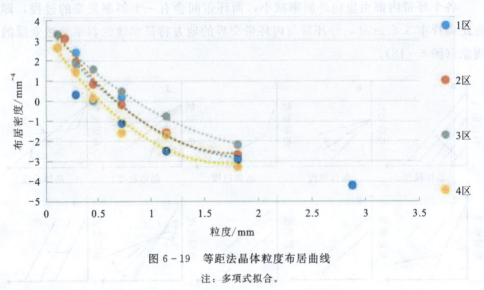

图6-19 等距法晶体粒度布居曲线

注：多项式拟合。

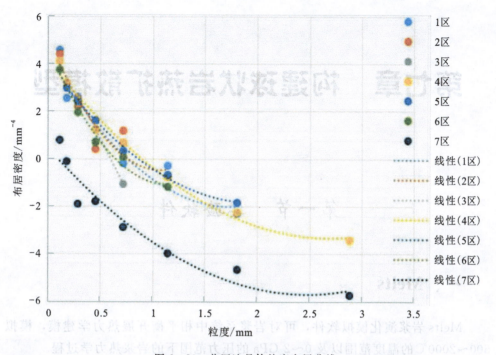

图 6-20　分区法晶体粒度布居曲线

注：多项式拟合。

第七章 构建球状岩热扩散模型

第一节 实验软件

一、Melts

Melts岩浆演化模拟软件，可对岩浆系统中相平衡开展热力学建模，模拟500～2000℃的温度范围以及0～2 GPa的压力范围下的岩浆热力学过程。

岩浆的演化过程可以通过温度和压力（Gibbs能量最小化），温度和体积（亥姆霍兹能量最小化），焓和压力（熵最大化）或熵和压力（焓最小化）来开展模拟。等焓（恒定焓）、等熵（恒定熵）或等熵（恒定体积）情景可用于探索能量受限、绝热减压等过程。

Melts中包含液相的热力学模型主要由低压相平衡实验和独立矿物相热力学模型组成。Melts在低压（<2 GPa）下模拟岩浆相平衡时，在镁铁质岩浆系统中模拟效果更好，特别适用于MORB和碱性镁铁质岩浆体系。

二、Python

Python由荷兰数学和计算机科学研究学会的吉多·范罗苏姆设计，作为ABC语言的替代品。Python提供了高效的高级数据结构，还能简单有效地面向对象编程。Python语法和动态类型，以及解释型语言的本质，使它成为多数平台上写脚本和快速开发应用的编程语言，随着版本的不断更新和语言新功能的添加，其逐渐被用于独立的、大型项目的开发。现在在科学性程序编制中，Python是比较主流且构建能力较强的计算机语言。

第二节 实验原理

本书模拟高温淬冷过程，使用带有潜热的热传导方程（Lee et al.，2015）：

$$\begin{cases} \dfrac{\partial T}{\partial t} = \dfrac{\partial}{r^2}\dfrac{\partial}{\partial r}\left(r^2\dfrac{\partial T}{\partial r}\right) + \dfrac{L}{C_p}\dfrac{\mathrm{d}F}{\mathrm{d}T}\dfrac{\partial T}{\partial t} \\ T(t=0, r \leqslant R^*) = T_0 \\ T(t=0, r > R^*) = T_\infty \\ \dfrac{\partial T}{\partial r}(R=0) = 0 \end{cases} \quad (7-1)$$

式中，T 为温度；t 为时间；r 为离核心的径向距离；R^* 为球形圆形岩石的半径；C_p 为比热容［闪长岩为 1.0×10^3 J/(kg·K)，花岗岩为 0.95×10^3 J/(kg·K)］；L 为结晶的总潜热（闪长岩和花岗岩均为 4×10^5 J/kg）；F 为晶体质量分数；$\mathrm{d}F/\mathrm{d}T$ 为衡量 F 如何随温度变化的指标，比热容、热扩散率和结晶潜热均为恒定。式（7-1）左边描述岩浆温度变化与时间和空间的联系，右边的第一项表示通过热传导传递的热能，第二项表示通过结晶（或熔化）潜热释放（或吸收）而产生的热能。

第三节 实验设计

（1）测试样品成分。通过全岩主量元素测试，确定样品成分。

（2）将样品数据输入 Melts 软件中，设置起始温度为 1100℃，终止温度为 600℃，得到均衡状态下岩石随稳压变化的各项物性变化。

（3）在 Excel 中将各项数据分区域处理，得到结晶分数 D（范围为 0~1）随温度 T（660~1100℃）的变化曲线，并输出 $\mathrm{d}D/\mathrm{d}T$ 文本文件。

（4）根据热扩散方程在 Python 中编制代码，读取 $\mathrm{d}D/\mathrm{d}T$ 文本文件，运行并输出结果。

第四节 实验操作

为了运行岩浆相平衡热学模型，需要知道代表性球状体含有何种成分以及这些成分的质量占比。为此本书对韵律多壳球状体样品做了全岩主量元素分析（图 7-1）。

根据各区域主量元素分析数据，根据岩石大小、密度、环带半径等参数，计算各区域各成分实际质量，得到岩石成分数据。将该数据输入 Melts 软件，发现该成分在 1100℃时含有超过 60% 的固态物质，这并不符合常识。经查证，绝大部分花岗闪长岩的氧化铝的质量占比为 15%~17%，而该样品的氧化铝含量超过 20%。为了提升模拟的准确性，本书选择用原位微区电子探针数据计算

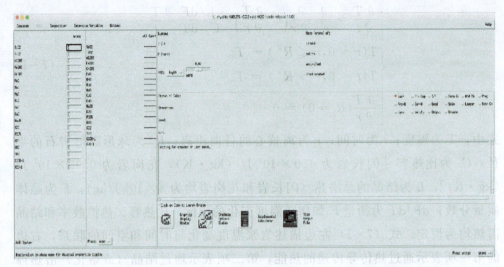

图 7-1 Melts 软件操作图

岩石成分数据。

将电子探针数据结合 ImageJ 中计算得到的浅色与暗色的矿物占比，按比例计算各矿物质量，最后相加得到样本全岩的成分数据。得到的估算成分结果和微区主量元素分析得到的数据在误差范围内一致。因此证明，该球状花岗闪长岩较花岗闪长岩更加富含氧化铝成分。然而富铝质成分样品在 Melts 中拟合效果并不好，经过多次调整结晶水与氧含量参数后，得到最优模拟结果：韵律多壳球状体在 1160℃左右开始结晶。

值得注意的是，Melts 只对平衡结晶的火成岩有较好的拟合效果，并不能完全模拟韵律多壳球状体的韵律壳形成过程（非平衡结晶过程）。因此，本章选取花岗闪长岩的平均成分作为模拟样本，重点模拟球状岩淬冷过程中的动力学过程。

设定起始温度为 1100℃，终止温度为 600℃，计算温差为 1℃，起始压强和终止压强都设置为 0.3 GPa。将输出的结果导入 Excel 表格中，选取有效信息并计算。

根据结晶分数热变化率曲线图（图 7-2、图 7-3），在 840℃与 820℃时间点上，结晶分数热变化率达到绝对值峰值，即结晶变化最大，这个阶段结晶出大量矿物晶体。为了重现模型结晶过程，编写热扩散方程代码（附录），从零时开始，分析球状岩从球心到边界，温度随时间的变化规律。从而探究球状岩冷凝的时间、先后与结晶的速率。

热动力模拟出温度曲线随时间变化的动态视频，截取 4 帧后如图 7-4 所示。

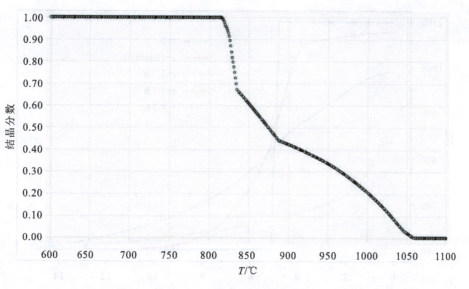

图 7-2 结晶分数热变化曲线

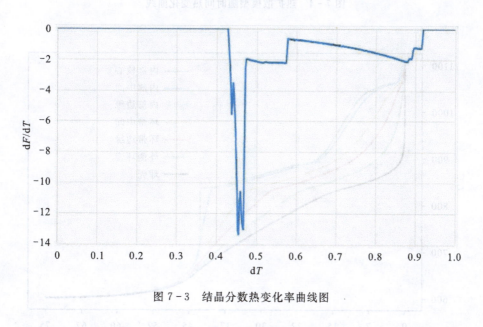

图 7-3 结晶分数热变化率曲线图

纵轴为温度，横轴为从球心到边界的距离（球心为 0 cm，边界为样品半径——5 cm），5 条线分别代表初始时间、10 min 时、2.2 h 时、7.7 h 时、8.3 h 时的热变化曲线图。

图 7-5 中的 7 条线分别对应模型各个区域的中心与边界位置上温度随时间的变化规律。实验结果足够支撑我们做出定性解释：样品整体结晶速率由外向内呈下降的趋势，并且经历了多个结晶阶段（存在温度骤变过程），与矿物分布规律和元素变化特征相一致。

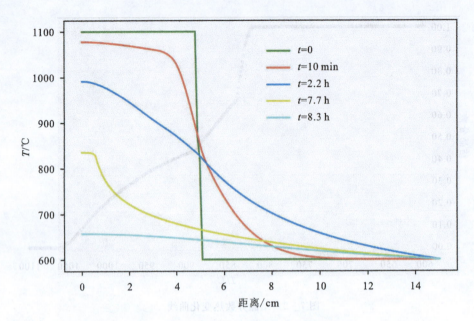

图7-4 热扩散模型随时间热变化曲线

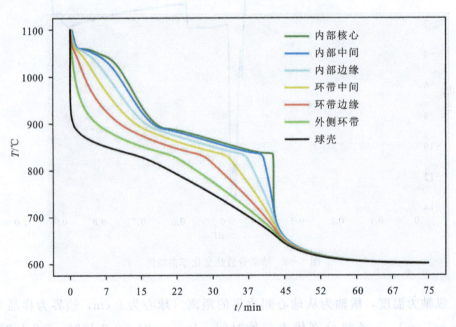

图7-5 定位热变化曲线图

第五节 探究球状体大小与形成过程之间的关系

为了解不同大小的球状体与形成过程之间的联系，对韵律多壳球状体（半径为 7 cm）、普通单壳球状体（半径为 5 cm）、无壳球状体（半径为 3 cm）以及假想的球状体（半径为 1 cm）开展热扩散温度变化曲线的对比研究。

将 4 张结果图（图 7-6—图 7-9），放入结晶程度与结晶时间对比图中进行

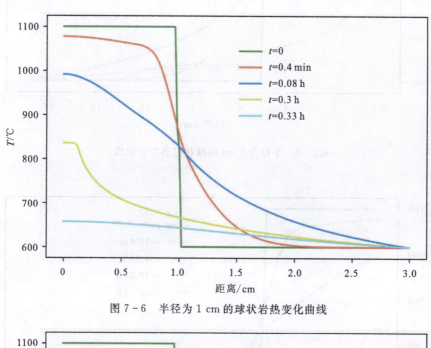

图 7-6　半径为 1 cm 的球状岩热变化曲线

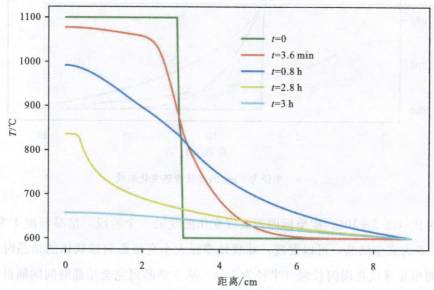

图 7-7　半径为 3 cm 的球状岩热变化曲线

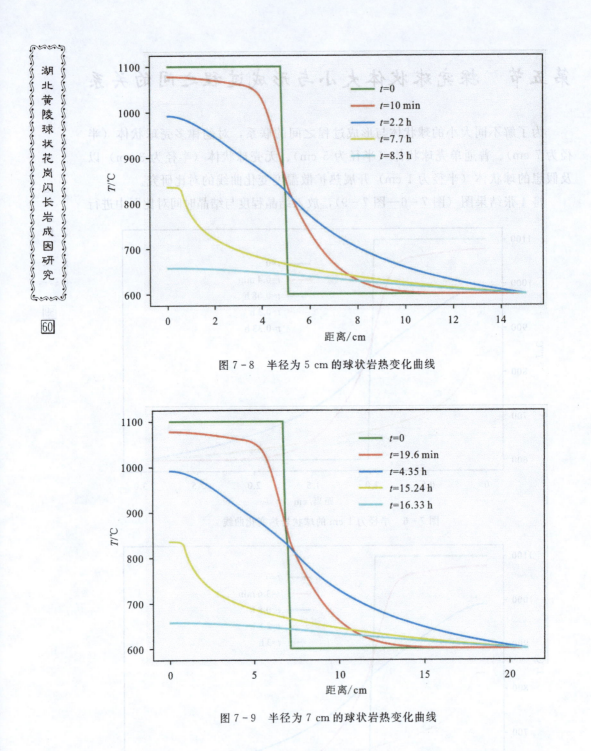

图 7-8 半径为 5 cm 的球状岩热变化曲线

图 7-9 半径为 7 cm 的球状岩热变化曲线

综合对比（图 7-10），横坐标即为温度变化曲线的 5 个阶段，结晶程度 1 为未结晶，5 为完全结晶，可以发现：球状体半径大小直接影响球状体的结晶时间。假想的单壳球状花岗闪长岩（半径为 1cm）从未结晶到完全结晶时间间隔极小，只需要几十秒，可忽略成岩元素迁移产生的影响。普通多壳球状岩介于韵律多壳球状体和单壳球状岩之间，半径为 3cm，相对于半径为 1cm 的样品来说，完全结晶的时间较长，约为数分钟到 2 h 不等。韵律多壳球状体半径较大，有足够的时间进行结晶，时间约为 16 h。

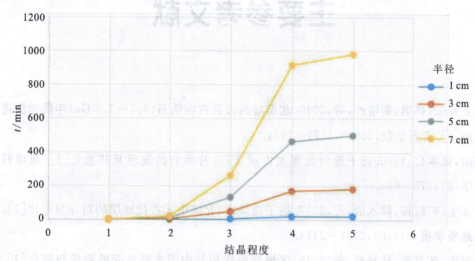

图 7-10 结晶程度与结晶时间对比图

主要参考文献

第五春荣,孙勇,董增产,等,2010.北秦岭西段冥古宙锆石(4.1~3.9 Ga)年代学新进展[J].岩石学报,26(4):1171-1174.

高山,张本仁,1990.扬子地台北部太古宙 TTG 片麻岩的发现及其意义[J].地球科学(6):675-679.

耿元生,旷红伟,柳永清,等,2017.扬子地块西、北缘中元古代地层的划分与对比[J].地质学报,91(10):2151-2174.

耿元生,沈其韩,杜利林,等,2016.区域变质作用与中国大陆地壳的形成与演化[J].岩石学报,32(9):2579-2608.

胡圣虹,陈爱芳,林守麟,等,2000.地质样品中 40 个微量、痕量、超痕量元素的 ICP-MS 分析研究[J].地球科学(中国地质大学学报),25(2):186-190.

李三忠,戴黎明,张臻,等,2015.前寒武纪地球动力学(Ⅲ):前寒武纪地质基本特征[J].地学前缘,22(6):27-45.

李献华,李武显,何斌,2012.华南陆块的形成与 Rodinia 超大陆聚合-裂解:观察、解释与检验[J].矿物岩石地球化学通报,31(6):543-559.

罗照华,2017.为什么火成岩地球化学需要地质学、岩石学和矿物学证据约束?[J].地球科学与环境学报,39(3):326-343.

马大铨,李志昌,肖志发,1997.鄂西崆岭杂岩的组成、时代及地质演化[J].地球学报,18(3):233-241.

马芳,穆治国,刘玉琳,2004.河北滦平球状闪长岩年代学及其地质意义[J].地质论评,50(4):360-364.

沈其韩,耿元生,宋彪,等,2005.华北和扬子陆块及秦岭:大别造山带地表和深部太古宙基底的新信息[J].地质学报,79(5):616-627.

万渝生,耿元生,刘福来,等,2000.华北克拉通及邻区孔兹岩系的时代和组成[C]//中国古陆块构造演化与超大陆旋回专题学术会议论文摘要集.

王洪德,2004.稀有罕见的金钱石[J].花木盆景:盆景赏石(1):46-47.

王孝磊,舒徐洁,邢光福,等,2012.浙江诸暨地区石角—璜山侵入岩 LA-ICP-MS

锆石 U-Pb 年龄:对超镁铁质球状岩成因的启示[J].地质通报,31(1):75-81.

魏春景,2012.21世纪最初十年变质岩石学研究进展[J].矿物岩石地球化学通报,31(5):415-427.

魏君奇,王建雄,2012.崆岭杂岩中斜长角闪岩包体的锆石年龄和 Hf 同位素组成[J].高校地质学报(4):589-600.

魏运许,赵小明,杨金香,等,2015.湖北黄陵球状花岗闪长岩的发现及其岩相学特征[J].地质通报(8):1541-1549.

吴福元,李献华,杨进辉,等,2007.花岗岩成因研究的若干问题[J].岩石学报,23(6):1217-1238.

吴福元,刘小驰,纪伟强,等,2017.高分异花岗岩的识别与研究[J].中国科学:地球科学,47(7):745-765.

吴洪艳,陈华国,朱宁,2013.山东平邑"金钱石"地质特征及成因浅析[J].山东国土资源,29(7):46-48.

徐夕生,2008.华南花岗岩-火山岩成因研究的几个问题[J].高校地质学报,14(3):283-294.

许文良,周群君,杨德彬,等,2011.深俯冲扬子板片对华北克拉通岩石圈地幔改造的过程与机制:辉石岩捕虏体证据[C]//中国矿物岩石地球化学学会第13届学术年会论文集.

杨宗锋,2013.火成岩系统广义定量化结构分析及其意义[D].北京:中国地质大学(北京).

于津海,舒良树,2016.龙游石榴石角闪岩是退变榴辉岩吗?[J].科学通报,61(6):556-560.

翟明国,2013.中国主要古陆与联合大陆的形成:综述与展望[J].中国科学:地球科学,43(10):1583-1606.

翟明国,SANTOSH M,2014.早期大陆的形成和演化:固体地球科学的前沿科学[J].科学观察(6):33-34.

张少兵,2008.扬子陆核古老地壳及其深熔产物花岗岩的地球化学研究[D].合肥:中国科学技术大学.

赵国春,孙敏,WILDE S A,2002.早—中元古代 Columbia 超级大陆研究进展[J].科学通报,47(18):1361-1364.

郑永飞,张少兵,2007.华南前寒武纪大陆地壳的形成和演化[J].科学通报,52(1):1-10.

周建波,郑永飞,李龙,等,2001.扬子板块俯冲的构造加积楔[J].地质学报,75(3):

338-352.

周新民,2003. 对华南花岗岩研究的若干思考[J]. 高校地质学报,9(4):556-565.

周新民,朱云鹤,陈建国,1990. 超镁铁球状岩的发现及其成因研究[J]. 科学通报,35(8):604-606.

ABDALLAH N, LIÉGEOIS J, DE WAELE B, et al., 2007. The Temaguessine Fe-cordierite orbicular granite(Central Hoggar, Algeria): U-Pb SHRIMP age, petrology, origin and geodynamical consequences for the late Pan-African magmatism of the Tuareg shield[J]. Journal of African Earth Sciences, 49:153-178.

AGUIRRE L, HELVE F, DEL CAMPO M, 1976. An orbicular tonalite from caldera, Chile[J]. Journal of the Faculty of Science, Hokkaido University Series 4, Geology and mineralogy, 17(2):231-259.

BALLHAUS C, FONSECA R O C, MÜNKER C, 2015. Spheroidal textures in igneous rocks - textural consequences of H_2O saturation in basaltic melts[J]. Geochimica et Cosmochimica Acta, 167:241-252.

BOUVIER A, VERVOORT J D, PATCHETT J, 2008. The Lu-Hf and Sm-Nd isotopic composition of CHUR: Constraints from unequilibrated chondrites and implications for the bulk composition of terrestrial planets[J]. Earth and Planetary Science Letters, 280:285-295.

BOWEN N, 1922. The reaction principle in petrogenesis[J]. The Journal of Geology, 30(3):177-198.

BRUGGER C R, HAMMER J E, 2010. Crystal size distribution analysis of plagioclase in experimentally decompressed hydrous rhyodacite magma[J]. Earth and Planetary Science Letters, 300(3-4):246-254.

CASHMAN K, MARSH B, 1988. Crystal size distribution(CSD) in rocks and the kinetics and dynamics of crystallization II: Makaopuhi lava lake[J]. Contributions to Mineralogy and Petrology, 99(3):292-305.

CHEN K, GAO S, WU Y, et al., 2013. 2.6-2.7 Ga crustal growth in Yangtze Craton, South China[J]. Precambrian Research, 224:472-490.

CHENG L L, WANG Y, HERRIN J S, et al., 2017. Origin of K-feldspar megacrysts in rhyolites from the Emeishan large igneous province, southwest China[J]. Lithos, 294-295:397-411.

DAVIDSON J P, MORGAN D J, CHARLIER B L A, et al., 2007. Microsampling and Isotopic Analysis of Igneous Rocks: Implications for the Study of Magmatic

Systems[J]. Annual Review of Earth and Planetary Sciences,35(1):273-311.

DECITRE S, GASQUET D, MARIGNAC C, 2002. Genesis of orbicular granitic rocks from the Ploumanach plutonic complex(Brittany,France):Petrographical, mineralogical and geochemical constraints[J]. European Journal of Mineralogy,14 (4):715-731.

DENG H, PENG S, POLAT A, et al. , 2016. Neoproterozoic IAT intrusion into Mesoproterozoic MOR Miaowan ophiolite, Yangtze craton: Evidence for evolving tectonic settings[J]. Precambrian Research,289:75-94.

DURANT D G, FOWLER A D, 2002. Origin of reverse zoning in branching orthopyroxene and acicular plagioclase in orbicular diorite:Fisher Lake,California [J]. Mineralogical Magazine,66(6):1003-1020.

DÍAZ-ALVARADO J, RODRÍGUEZ N, RODRÍGUEZ C, et al. , 2017. Petrology and geochemistry of the orbicular granitoid of caldera, northern Chile. models and hypotheses on the formation of radial orbicular textures[J]. Lithos, 284-285: 327-346.

ELLISTON J N, 1984. Orbicules:an indication of the crystallization of hydrosilicates,1[J]. Earth Science Reviews,20(4):265-344.

ESKOLA P,1963. The Precambrian of Finland[M]. London:John Wiley and Sons.

GAO S, LING W, QIU Y, et al. , 1999. Contrasting geochemical and Sm-Nd isotopic compositions of Archean metasediments from the Kongling high-grade terrain of the Yangtze craton: Evidence for cratonic evolution and redistribution of REE during crustal anatexis[J]. Geochimica et Cosmochimica Acta, 63(13-14):2071-2088.

GAO S,YANG J,ZHOU L,et al. ,2011. Age and growth of the Archean Kongling terrain, South China, with emphasis on 3.3 Ga granitoid gneisses[J]. American Journal of Science,72(12):153-182.

GAO W,2009. Zircon SHRIMP U-Pb ages of the Huangling granite and the tuff beds from Liantuo formation in the three gorges area of Yangtze river,China and its geological significance[J]. Geological Bulletin of China,28(1):45-50.

GRIFFIN W L, BELOUSOVA E A, WALTERS S G, et al. , 2006. Archaean and Proterozoic crustal evolution in the eastern succession of the Mt. Isa district, Australia:U-Pb and Hf-isotope studies of detrital zircons[J]. Journal of the Geological Society of Australia,53(1):125-149.

GRIFFIN W L, PEARSON N J, BELOUSOVA E, et al., 2000. The Hf isotope composition of cratonic mantle: LAM - MC - ICPMS analysis of zircon megacrysts in kimberlites[J]. Geochimica et Cosmochimica Acta, 64:133 - 147.

GRIFFIN W L, WANG X, JACKSON S E, et al., 2002. Zircon chemistry and magma mixing, SE China: in - situ analysis of Hf isotopes, Tonglu and Pingtan igneous complexes[J]. Lithos, 61(3 - 4):237 - 269.

GROSEE P, TOSELLI A J, ROSSI J N, 2010. Petrology and geochemistry of the orbicular granitoid of Sierra de Velasco(NW Argentina) and implications for the origin of orbicular rocks[J]. Geological Magazine, 147(3):451 - 468.

GUO J L, GAO S, WU Y B, et al., 2014. 3. 45 Ga granitic gneisses from the Yangtze Craton, South China: implications for Early Archean crustal growth[J]. Precambrian Research, 242:82 - 95.

GUO J L, WU Y B, GAO S, et al., 2015. Episodic Paleoarchean - Paleoproterozoic (3. 3—2. 0 Ga) granitoid magmatism in Yangtze Craton, South China: Implications for late Archean tectonics[J]. Precambrian Research, 270:246 - 266.

GUO J W, ZHENG J P, PING X Q, et al., 2018. Paleoproterozoic porphyries and coarse - grained granites manifesting a vertical hierarchical structure of Archean continental crust beneath the Yangtze Craton[J]. Precambrian Research, 314: 288 - 305.

HAN P Y, GUO J L, CHEN K, et al., 2017. Widespread Neoarchean(2. 7—2. 6 Ga) magmatism of the Yangtze craton, South China, as revealed by modern river detrital zircons[J]. Gondwana Research, 42:1 - 12.

HAN Q, PENG S, POLAT A, et al., 2017. A ca. 2. 1 Ga Andean - type margin built on metasomatized lithosphere in the northern Yangtze Craton, China: Evidence from high - Mg basalts and andesites[J]. Precambrian Research, 309:309 - 324.

HIGGINS M D, 1998. Origin of anorthosite by textural coarsening: Quantitative measurements of a natural sequence of textural development[J]. Journal of Petrology, 39:1307 - 1323.

HIGGINS M D, 2006. Quantitative textural measurements in igneous and metamorphic petrology[M]. Cambridge: Cambridge University Press.

HIGGINS M D, ROBERGE J, 2007. Three magmatic components in the 1973 eruption of Eldfell volcano, Iceland: Evidence from plagioclase crystal size distribution (CSD) and geochemistry[J]. Journal of Volcanology and Geothermal Research,

161(3):247-260.

HOLLAND T, BLUNDY J, 1994. Non-ideal interactions in calcic amphiboles and their bearing on amphibole-plagioclase thermometry[J]. Contributions to Mineralogy and Petrology, 116(4):433-447.

HORT M, 1998. Abrupt change in magma liquidus temperature because of volatile loss or magma mixing: effects on nucleation, crystal growth and thermal history of the magma[J]. Journal of Petrology, 39(5):1063-1076.

HU Z, LIU Y, GAO S, et al., 2012. Improved in situ Hf isotope ratio analysis of zircon using newly designed X skimmer cone and jet sample cone in combination with the addition of nitrogen by laser ablation multiple collector ICP-MS[J]. Journal of Analytical Atomic Spectrometry, 27:1391-1399.

JIANG X, PENG S, POLAT A, et al., 2016. Geochemistry and geochronology of mylonitic metasedimentary rocks associated with the Proterozoic Miaowan Ophiolite Complex, Yangtze craton, China: Implications for geodynamic events[J]. Precambrian Research, 279:37-56.

LEE C T A, MORTON D M, FARNER M J, et al., 2015. Field and model constraints on silicic melt sogregation by compaction/hindered settling: The role of water and its effect on latent heat release[J]. American Mineralogist, 100(8-9): 1762-1777.

LEVESON D J, 1966. Orbicular rocks: a review[J]. Geological Society of America Bulletin, 77(4):409-426.

LI L, LIN S, DAVIS D W, et al., 2014. Geochronology and geochemistry of igneous rocks from the Kongling terrane: Implications for Mesoarchean to Paleoproterozoic crustal evolution of the Yangtze Block[J]. Precambrian Research, 255:30-47.

LI Y H, ZHENG J P, PING X Q, et al., 2018. Complex growth and reworking processes in the Yangtze cratonic nucleus[J]. Precambrian Research, 311: 262-277.

LI Y H, ZHENG J P, XIONG Q, et al., 2016. Petrogenesis and tectonic implications of Paleoproterozoic metapelitic rocks in the Archean Kongling Complex from the northern Yangtze Craton, South China[J]. Precambrian Research, 276:158-177.

LINDH A, NÄSSTRÖM H, 2006. Crystallization of orbicular rocks exemplified by the slättemossa occurrence, southeastern Sweden[J]. Geological Magazine,

143(5):713-722.

LING W L,GAO S,CHENG J P, et al., 2006. Neoproterozoic magmatic events within the Yangtze continental interior and along its northern margin and their tectonic implication:constraint from the ELA - ICPMS U - Pb geochronology of zircons from the Huangling and Hannan complexes[J]. Acta Petrologica Sinica, 22(2):387-396.

LIU Y,HU Z,GAO S,et al.,2008. In situ analysis of major and trace elements of anhydrous minerals by LA - ICP - MS without applying an internal standard[J]. Chemical Geology,257(1):34-43.

LIU Y, HU Z, ZONG K, et al., 2010. Reappraisement and refinement of zircon U - Pb isotope and trace element analyses by LA - ICP - MS[J]. Chinese Science Bulletin,55(5):1535-1546.

LOFGREN G E,1974. An experimental study of plagioclase crystal morphology: isothermal crystallization[J]. American Journal of Science,274(3):243-273.

LOFGREN G E,DONALDSON C H,1975. Curved branching crystals and differentiation in comb - layered rocks[J]. Contributions to Mineralogy and Petrology, 49:309-319.

LONDON D, 1992. The application of experimental petrology to the genesis and crystallization of granitic pegmatites[J]. The Canadian Mineralogist, 30(3): 499-540.

LONDON D,2009. The origin of primary textures in granitic pegmatites[J]. The Canadian Mineralogist,47(4):697-724.

MARSH B D,2007. Crystallization of silicate magmas deciphered using crystal size distributions[J]. Journal of the American Ceramic Society,90(3):746-757.

MCCARTHY A, MÜNTENER O, 2016. Comb layering monitors decompressing and fractionating hydrous mafic magmas in subvolcanic plumbing systems(Fisher Lake,Sierra Nevada,USA)[J]. Journal of Geophysical Research Solid Earth,121 (12):8595-8621.

MOORE J G,LOCKWOOD J P,1973. Origin of comb layering and orbicular structure,Sierra Nevada batholith,California[J]. Geological Society of America Bulletin,84(1):1-20.

ORT M H,1992. Orbicular volcanic rocks of Cerro Panizos:their origin and implications for orb formation[J]. Bulletin of the Geological Society of America,104(8):

1048-1058.

PENG M, WU Y, GAO S, et al., 2012b. Geochemistry, zircon U-Pb age and Hf isotope compositions of Paleoproterozoic aluminous A-type granites from the Kongling terrain, Yangtze Block: constraints on petrogenesis and geologic implications[J]. Gondwana Research, 22(1): 140-151.

PENG S B, KUSKY T M, JIANG X F, et al., 2012a. Geology, geochemistry, and geochronology of the Miaowan ophiolite, Yangtze craton: implications for South China's amalgamation history with the Rodinian supercontinent[J]. Gondwana Research, 21(2-3): 577-594.

PETFORD N, CRUDEN A R, MCCAFFREY K J W, et al., 2000. Granite magma formation, transport and emplacement in the Earth's crust[J]. Nature, 408: 669-673.

PUPIER E, BARBEY P, TOPLIS M J, et al., 2008. Igneous layering, fractional crystallization and growth of granitic plutons: The Dolbel batholith in SW niger [J]. Journal of Petrology, 49(6): 1043-1068.

QIU Y M, GAO S, MCNAUGHTON N J, et al., 2000. First evidence of >3.2 Ga continental crust in the Yangtze craton of South China and its implications for Archean crustal evolution and Phanerozoic tectonics[J]. Geology, 28(1): 11-14.

RAGUIN E, 1965. Geology of granite[M]. New York: John Wiley and Sons, Incorporated.

SANO Y, TERADA K, FUKUOKA T, 2002. High mass resolution ion microprobe analysis of rare earth elements in silicate glass, apatite and zircon: lack of matrix dependency[J]. Chemical Geology, 184(3-4): 217-230.

SCHERER E, MÜNKER C, MEZGER K, 2001. Calibration of the lutetium-hafnium clock[J]. Science, 293: 683-687.

SENDA R, KIMURA J I, CHANG Q, 2014. Evaluation of a rapid, effective sample digestion method for trace element analysis of granitoid samples containing acid-resistant minerals: Alkali fusion after acid digestion[J]. Geochemical Journal, 48(1): 99-103.

SMILLIE R W, TURNBULL R E, 2014. Field and petrographical insight into the formation of orbicular granitoids from the Bonney Pluton, southern Victoria Land, Antarctica[J]. Geological Magazine, 151(3): 534-549.

SPILLAR V, DOLEJS D, 2013. Calculation of time-dependent nucleation and growth rates from quantitativetextural data: inversion of crystal size distribution [J]. Journal of Petrology, 54: 913 – 931.

SYLVESTER A G, 2011. The nature and polygenetic origin of orbicular granodiorite in the Lower Castle Creek pluton, northern Sierra Nevada batholith, California [J]. Geosphere, 7(5): 1134 – 1142.

VAVRA G, SCHMID R, GEBAUER D, 1999. Internal morphology, habit and U – Th – Pb micro – analysis of amphibolite – to – granulite facies zircons: geochronology of the Ivrea zone(southern Alps)[J]. Contributions to Mineralogy and Petrology, 134: 380 – 404.

VERNON R H, 1985. Possible role of superheated magma in the formation of orbicular granitoids[J]. Geology, 13(2): 843 – 845.

WANG X L, SHU X J, XING G F, et al. , 2012. LA – ICP – MS zircon U – Pb ages of the Shijiao – Huangshan intrusive rocks in Zhuji area, Zhejiang Province: implications for the petrogenesis of the ultramafic orbicular rocks[J]. Geological Bulletin of China, 31(1): 75 – 81.

WEI Y X, ZHAO X M, YANG J X, et al. , 2015. The discovery of orbicular granodiorite and its petro-graphic characteristics in Huangling, Hubei[J]. Geological Bulletin of China, 34(8): 1541 – 1549.

WEI Y, PENG S, JIANG X, et al. , 2012. SHRIMP zircon U – Pb ages and geochemical characteristics of the neoproterozoic granitoids in the Huangling anticline and its tectonic setting[J]. Journal of Earth Science, 23: 659 – 676.

WIEDENBECK M, ALLÉ P, CORFU F, et al. , 1995. Three natural zircon standards for U – Th – Pb, Lu – Hf, trace element and REE analyses[J]. Geostandards Newsletter, 19(1): 1 – 23.

WU Y B, ZHENG Y F, 2004. Genesis of zircon and its constraints on interpretation of U – Pb age[J]. Chinese Science Bulletin, 49(15): 1554 – 1569.

WU Y B, ZHENG Y F, GAO S, et al. , 2008. Zircon U – Pb age and trace element evidence for Paleoproterozoic granulite – facies metamorphism and Archean crustal rocks in the Dabie Orogen[J]. Lithos, 101: 308 – 322.

XIONG Q, ZHENG J, YU C, et al. , 2009. Zircon U – Pb age and Hf isotope of Quanyishang A – type granite in Yichang: Signification for the Yangtze continental cratonization in Paleoproterozoic[J]. Chinese Science Bulletin, 54(3): 436 – 446.

YANG Z F, 2012. Combining Quantitative Textural and Geochemical Studies to

Understand the Solidification Processes of a Granite Porphyry: Shanggusi, East Qinling, China[J]. Journal of Petrology, 53(9): 1807 – 1835.

YIN C, LIN S, DAVIS D W, et al., 2013. 2.1 — 1.85 Ga tectonic events in the Yangtze Block, South China: petrological and geochronological evidence from the Kongling Complex and implications for the reconstruction of supercontinent Columbia[J]. Lithos, 182 – 183: 200 – 210.

YU H, XU J, LIN C, et al., 2012. Magmatic processes inferred from chemical composition, texture and crystal size distribution of the Heikongshan lavas in the Tengchong volcanic field, SW China[J]. Journal of Asian Earth Sciences, 58(5): 1 – 15.

ZHANG J L, LEE C T, 2020. Disequilibrium crystallization and rapid crystal growth: a case study of orbicular granitoids of magmatic origin[J]. International Geology Review(9): 1 – 17.

ZHANG R X, YANG S Y, 2016. A mathematical model for determining carbon coating thickness and its application in electron probe microanalysis[J]. Microscopy and Microanalysis, 22(6): 1374 –1380.

ZHANG S B, ZHENG Y F, WU Y B, et al., 2006a. Zircon isotope evidence for ⩾3.5 Ga continental crust in the Yangtze craton of China[J]. Precambrian Research, 146(1 – 2): 16 – 34.

ZHANG S B, ZHENG Y F, WU Y B, et al., 2006b. Zircon U – Pb age and Hf isotope evidence for 3.8 Ga crustal remnant and episodic reworking of Archean crust in South China[J]. Earth and Planetary Science Letters, 252: 56 – 71.

ZHANG S B, ZHENG Y F, WU Y B, et al., 2006c. Zircon U – Pb age and Hf – O isotope evidence for Paleoproterozoic metamorphic event in South China[J]. Precambrian Research, 151(3 – 4): 265 – 288.

ZHANG S B, ZHENG Y F, ZHAO Z F, et al., 2009. Origin of TTG – like rocks from anatexis of ancient lower crust: Geochemical evidence from Neoproterozoic granitoids in South China[J]. Lithos, 113(3 – 4): 347 – 368.

ZHANG Z M, XIANG H, DING H X, et al., 2017. Miocene orbicular diorite in east – central Himalaya: anatexis, melt mixing, and fractional crystallization of the Greater Himalayan Sequence[J]. Geological Society of America Bulletin, 129: 869 – 885.

ZHAO G, CAWOOD P A, 2012. Precambrian geology of China[J]. Precambrian

Research,222-223:13-54.

ZHAO G,GUO J,2012. Precambrian geology of China: preface[J]. Precambrian Research,222-223:1-12.

ZHAO J H,ZHOU M F,YAN D P,et al.,2011. Reappraisal of the ages of Neoproterozoic strata in South China: no connection with the Grenvillian orogeny[J]. Geology,39(4):299-302.

ZHAO J H,ZHOU M F,ZHENG J P,2013. Neoproterozoic high-K granites produced by melting of newly formed mafic crust in the Huangling region, South China[J]. Precambrian Research,233:93-107.

ZHENG J P,GRIFFIN W L,O'REILLY S Y,et al.,2006. Widespread Archean basement beneath the Yangtze Craton[J]. Geology,34(6):417-420.

ZHENG Y F,ZHANG S B,2007. Formation and evolution of Precambrian continental crust in South China[J]. Chinese Science Bulletin,52(1):11-12.

附 表

附表1 黄陵球状花岗闪长岩矿物主量元素测试数据

测试点	SiO$_2$	Al$_2$O$_3$	CaO	Na$_2$O	K$_2$O	总计	Si	Al	Ca	Na	K	An	Ab	Or
a-Pl01	57.27	27.25	9.12	6.23	0.19	100.06	2.56	1.44	0.44	0.54	0.01	44.23	54.68	1.09
a-Pl02	57.27	27.06	8.75	6.26	0.15	99.49	2.58	1.43	0.42	0.55	0.01	43.21	55.92	0.87
a-Pl03	57.86	26.70	8.71	6.59	0.07	99.93	2.59	1.41	0.42	0.57	0.00	42.03	57.60	0.37
a-Pl04	58.74	26.11	7.82	7.10	0.08	99.85	2.63	1.38	0.37	0.62	0.00	37.65	61.89	0.46
a-Pl05	58.11	26.34	8.22	6.91	0.12	99.7	2.61	1.39	0.40	0.60	0.01	39.42	59.90	0.68
a-Pl06	57.58	26.18	8.41	6.79	0.09	99.05	2.60	1.39	0.41	0.60	0.01	40.41	59.09	0.50
a-Pl07	57.62	27.03	8.52	6.33	0.23	99.73	2.58	1.43	0.41	0.55	0.01	42.08	56.55	1.37
a-Pl08	57.28	27.36	9.23	6.25	0.07	100.19	2.56	1.44	0.44	0.54	0.00	44.77	54.85	0.38
a-Pl09	57.61	26.73	8.89	6.39	0.05	99.67	2.59	1.41	0.43	0.56	0.00	43.33	56.36	0.31
a-Pl10	57.25	26.61	8.81	6.37	0.24	99.28	2.58	1.42	0.43	0.56	0.01	42.73	55.90	1.37
a-Pl11	57.59	26.68	8.84	6.58	0.05	99.74	2.58	1.41	0.43	0.57	0.00	42.48	57.21	0.31
a-Pl12	58.07	26.54	8.49	6.62	0.24	99.96	2.60	1.40	0.41	0.57	0.01	40.89	57.75	1.37
a-Pl13	60.00	25.68	6.87	7.66	0.09	100.3	2.66	1.34	0.33	0.66	0.01	32.97	66.51	0.52
a-Pl14	58.45	25.55	7.53	7.12	0.10	98.75	2.64	1.36	0.36	0.62	0.01	36.65	62.76	0.59
a-Pl15	60.86	24.64	6.03	8.00	0.08	99.61	2.71	1.29	0.29	0.69	0.00	29.28	70.26	0.46
a-Pl16	59.52	25.03	6.75	7.84	0.13	99.27	2.67	1.32	0.32	0.68	0.01	32.01	67.25	0.73
a-Pl17	57.04	26.56	8.88	6.45	0.19	99.12	2.58	1.42	0.43	0.57	0.01	42.72	56.17	1.11
a-Pl18	56.39	27.04	9.04	6.08	0.18	98.73	2.56	1.45	0.44	0.54	0.01	44.61	54.32	1.07
a-Pl19	57.35	26.84	9.05	6.08	0.23	99.55	2.58	1.42	0.44	0.53	0.01	44.50	54.14	1.36
a-Pl20	57.54	26.38	8.88	6.34	0.10	99.24	2.59	1.40	0.43	0.55	0.01	43.38	56.04	0.58
a-Pl21	57.61	26.89	8.82	6.12	0.13	99.57	2.59	1.42	0.42	0.53	0.01	43.97	55.24	0.80
a-Pl22	59.49	25.41	7.10	7.43	0.22	99.65	2.66	1.34	0.34	0.64	0.01	34.11	64.64	1.25
a-Pl23	57.58	26.18	8.41	6.79	0.09	99.05	2.60	1.39	0.41	0.60	0.01	40.41	59.09	0.50
a-Pl24	56.44	27.05	9.38	5.97	0.18	99.02	2.56	1.44	0.46	0.52	0.01	45.96	52.98	1.06

附表1（续）

测试点	SiO$_2$	Al$_2$O$_3$	CaO	Na$_2$O	K$_2$O	总计	Si	Al	Ca	Na	K	An	Ab	Or
a-Pl25	56.93	27.23	9.37	6.14	0.18	99.85	2.56	1.44	0.45	0.53	0.01	45.28	53.69	1.02
a-Pl26	57.84	26.96	8.96	6.32	0.08	100.16	2.58	1.42	0.43	0.55	0.00	43.70	55.81	0.49
b-Pl01	60.91	24.08	5.58	8.21	0.30	99.08	2.73	1.27	0.27	0.71	0.02	26.84	71.47	1.69
b-Pl02	60.71	24.53	6.42	7.98	0.18	99.82	2.71	1.29	0.31	0.69	0.01	30.45	68.55	1.00
b-Pl03	60.93	24.15	5.86	8.17	0.28	99.39	2.72	1.27	0.28	0.71	0.02	27.94	70.48	1.58
b-Pl04	60.97	24.41	6.13	8.05	0.26	99.82	2.72	1.28	0.29	0.69	0.01	29.20	69.35	1.45
b-Pl05	59.69	24.85	6.61	7.63	0.12	98.9	2.68	1.32	0.32	0.67	0.01	32.13	67.17	0.70
b-Pl06	57.82	26.70	8.32	6.57	0.05	99.46	2.60	1.41	0.40	0.57	0.00	41.06	58.65	0.29
b-Pl07	59.15	25.47	7.25	7.18	0.11	99.16	2.66	1.35	0.35	0.62	0.01	35.58	63.75	0.67
b-Pl08	60.22	24.68	6.50	7.76	0.18	99.34	2.70	1.30	0.31	0.67	0.01	31.32	67.67	1.00
b-Pl09	57.99	26.06	7.94	6.93	0.07	98.99	2.62	1.39	0.38	0.61	0.00	38.60	60.99	0.41
b-Pl10	58.98	25.59	7.26	7.35	0.10	99.28	2.65	1.35	0.35	0.64	0.01	35.08	64.34	0.58
b-Pl11	59.57	24.52	6.33	7.93	0.14	98.49	2.69	1.31	0.31	0.69	0.01	30.36	68.82	0.82
b-Pl12	60.70	24.45	6.24	7.82	0.14	99.35	2.71	1.29	0.30	0.68	0.01	30.34	68.86	0.79
b-Pl13	57.33	26.74	8.57	6.29	0.11	99.04	2.59	1.42	0.41	0.55	0.01	42.64	56.70	0.66
b-Pl14	58.31	26.01	8.31	6.88	0.16	99.67	2.62	1.38	0.40	0.60	0.01	39.66	59.43	0.91
b-Pl15	59.93	24.70	6.66	7.66	0.12	99.07	2.69	1.31	0.32	0.67	0.01	32.23	67.10	0.67
b-Pl16	60.82	24.50	5.94	7.93	0.09	99.28	2.72	1.29	0.28	0.69	0.00	29.14	70.36	0.50
b-Pl17	59.29	25.51	7.06	7.51	0.11	99.48	2.66	1.35	0.34	0.65	0.01	33.97	65.43	0.60
b-Pl18	59.59	25.34	7.05	7.53	0.06	99.57	2.67	1.34	0.34	0.65	0.00	33.99	65.66	0.35
b-Pl19	59.12	26.20	7.64	7.31	0.09	100.36	2.63	1.37	0.36	0.63	0.01	36.41	63.06	0.53
b-Pl20	60.17	24.54	6.36	7.76	0.13	98.96	2.70	1.30	0.31	0.68	0.01	30.93	68.29	0.78
b-Pl21	62.22	24.92	5.91	8.05	0.12	101.22	2.72	1.29	0.28	0.68	0.01	28.66	70.64	0.69
b-Pl22	61.90	25.04	6.10	7.84	0.19	101.07	2.72	1.29	0.29	0.67	0.01	29.73	69.18	1.09
b-Pl23	61.41	25.61	6.14	7.53	0.19	100.88	2.70	1.33	0.29	0.64	0.01	30.69	68.18	1.13
b-Pl24	60.96	25.69	6.74	7.66	0.08	101.13	2.68	1.33	0.32	0.65	0.00	32.56	67.00	0.44
b-Pl25	62.62	25.22	5.93	7.89	0.13	101.79	2.72	1.29	0.28	0.67	0.01	29.15	70.11	0.75
b-Pl26	58.12	27.82	9.04	6.23	0.05	101.26	2.57	1.45	0.43	0.53	0.00	44.38	55.30	0.32
b-Pl27	57.93	28.14	8.91	6.25	0.03	101.26	2.56	1.46	0.42	0.53	0.00	44.00	55.81	0.19
b-Pl28	60.57	26.20	7.27	7.39	0.10	101.53	2.66	1.35	0.34	0.63	0.01	35.01	64.43	0.57

附表1（续）

测试点	SiO$_2$	Al$_2$O$_3$	CaO	Na$_2$O	K$_2$O	总计	Si	Al	Ca	Na	K	An	Ab	Or
b-Pl29	57.49	28.01	9.12	6.12	0.04	100.78	2.55	1.47	0.43	0.53	0.00	45.07	54.72	0.21
b-Pl30	59.21	26.98	7.94	6.95	0.04	101.12	2.61	1.40	0.38	0.59	0.00	38.62	61.14	0.24
b-Pl31	62.07	25.24	5.94	8.02	0.11	101.38	2.71	1.30	0.28	0.68	0.01	28.86	70.51	0.63
b-Pl32	60.12	26.60	7.41	7.38	0.09	101.6	2.64	1.37	0.35	0.63	0.00	35.53	63.97	0.50
b-Pl33	58.99	27.01	7.98	6.94	0.10	101.02	2.61	1.41	0.38	0.59	0.01	38.63	60.79	0.58
b-Pl34	60.27	25.80	6.78	7.61	0.09	100.55	2.67	1.35	0.32	0.65	0.01	32.81	66.67	0.52
b-Pl35	61.14	25.33	6.25	7.88	0.08	100.68	2.70	1.32	0.30	0.67	0.00	30.35	69.20	0.46
b-Pl36	57.29	28.35	9.34	6.00	0.07	101.05	2.54	1.48	0.44	0.52	0.00	46.04	53.53	0.43
b-Pl37	59.46	26.64	7.67	7.26	0.07	101.1	2.62	1.39	0.36	0.62	0.00	36.72	62.88	0.39
b-Pl38	57.75	27.62	8.85	6.21	0.08	100.51	2.57	1.45	0.42	0.54	0.00	43.88	55.66	0.45
b-Pl39	60.78	26.35	7.20	7.39	0.13	101.85	2.66	1.36	0.34	0.63	0.01	34.75	64.52	0.73
b-Pl40	57.62	28.47	9.57	6.03	0.07	101.76	2.54	1.48	0.45	0.51	0.00	46.55	53.06	0.38
b-Pl41	61.72	25.67	6.29	8.05	0.03	101.76	2.69	1.32	0.29	0.68	0.00	30.11	69.72	0.17
b-Pl42	60.98	26.08	7.05	7.55	0.06	101.72	2.67	1.34	0.33	0.64	0.00	33.93	65.75	0.32
b-Pl43	61.55	25.87	6.36	7.89	0.04	101.71	2.69	1.33	0.30	0.67	0.00	30.74	69.05	0.21
b-Pl44	62.20	25.37	5.98	8.00	0.10	101.65	2.71	1.30	0.28	0.68	0.01	29.06	70.37	0.57
b-Pl45	60.94	26.10	6.99	7.33	0.20	101.56	2.67	1.35	0.33	0.62	0.01	34.14	64.70	1.17
b-Pl46	59.05	27.75	8.57	6.63	0.10	102.1	2.58	1.43	0.40	0.56	0.01	41.44	57.98	0.58
b-Pl47	61.40	25.65	6.37	8.00	0.06	101.48	2.69	1.32	0.30	0.68	0.00	30.42	69.22	0.35
b-Pl48	61.21	25.79	6.50	7.69	0.12	101.31	2.68	1.33	0.31	0.65	0.01	31.60	67.70	0.71
b-Pl49	59.51	26.90	7.90	6.81	0.14	101.26	2.62	1.40	0.37	0.58	0.01	38.77	60.43	0.79
b-Pl50	61.33	25.55	6.53	7.47	0.19	101.07	2.69	1.32	0.31	0.64	0.01	32.22	66.70	1.09
b-Pl51	61.43	25.63	6.30	7.82	0.08	101.26	2.69	1.32	0.30	0.66	0.00	30.67	68.89	0.45
b-Pl52	56.92	28.22	9.78	5.92	0.09	100.93	2.53	1.48	0.47	0.51	0.01	47.49	51.98	0.53
b-Pl53	60.11	26.32	7.22	7.01	0.13	100.79	2.65	1.37	0.34	0.60	0.01	36.00	63.21	0.78
b-Pl54	60.91	25.71	6.55	7.85	0.05	101.07	2.68	1.33	0.31	0.67	0.00	31.48	68.23	0.30
b-Pl55	60.90	25.87	6.59	7.79	0.05	101.2	2.67	1.34	0.31	0.66	0.00	31.76	67.96	0.28

附表1（续）

测试点	SiO$_2$	Al$_2$O$_3$	FeO	MnO	MgO	CaO	Na$_2$O	K$_2$O	TiO$_2$	总计	Mg$^\#$
a-amp01	43.35	10.39	18.35	0.33	9.68	11.69	1.03	1.21	1.23	97.26	34.53
a-amp02	43.04	11.73	15.83	0.33	10.53	12.00	0.93	1.36	1.14	96.89	39.95
a-amp03	42.23	12.15	17.47	0.28	9.58	11.84	1.02	1.45	1.00	97.02	35.41
a-amp04	43.65	10.63	15.11	0.23	11.29	11.74	1.10	1.13	1.16	96.04	42.75
a-amp05	43.48	11.23	14.47	0.21	11.19	12.01	0.99	1.31	1.28	96.17	43.62
a-amp06	43.49	11.10	15.26	0.22	11.20	12.18	0.93	1.35	1.32	97.05	42.32
a-amp07	43.27	11.42	15.47	0.19	11.00	11.95	0.97	1.42	1.43	97.12	41.55
a-amp08	43.43	11.12	17.57	0.23	10.02	11.85	0.94	1.39	1.25	97.8	36.32
a-amp09	43.99	10.26	17.12	0.28	10.37	11.83	1.37	1.04	1.58	97.84	37.73
a-amp10	44.80	10.58	14.90	0.24	11.46	11.72	1.47	0.63	1.20	97	43.47
a-amp11	44.28	11.06	15.39	0.26	11.24	11.50	1.69	0.63	1.49	97.54	42.21
a-amp12	43.89	10.91	15.40	0.24	11.13	11.65	1.63	0.83	1.59	97.27	41.96
a-amp13	43.86	10.09	15.81	0.27	11.13	11.31	1.36	0.96	1.43	96.22	41.32
a-amp14	44.32	10.21	15.10	0.26	11.45	11.40	1.70	0.63	1.52	96.59	43.12
a-amp15	45.00	9.21	16.48	0.28	10.96	12.01	1.01	1.07	1.13	97.15	39.94
a-amp16	43.15	10.45	17.19	0.24	9.98	11.48	1.21	1.28	1.36	96.34	36.73
a-amp17	43.68	9.89	17.42	0.26	10.06	11.84	1.20	1.24	1.30	96.89	36.62
a-amp18	42.79	11.56	15.95	0.22	10.65	12.14	1.06	1.51	1.58	97.46	40.03
a-amp19	43.82	10.65	15.15	0.25	11.16	11.90	1.07	1.34	1.50	96.84	42.40
a-amp20	43.83	10.69	17.09	0.30	10.29	11.96	1.04	1.34	1.54	98.08	37.58
a-amp21	44.11	10.92	14.33	0.19	11.66	12.09	1.17	1.28	1.63	97.38	44.86
b-amp01	43.22	10.31	18.96	0.45	9.44	11.54	1.34	1.20	1.38	97.84	33.25
b-amp02	42.68	10.64	19.82	0.42	9.04	11.55	1.25	1.32	1.09	97.81	31.32
b-amp03	43.17	10.51	19.71	0.38	9.43	11.36	1.14	1.20	1.03	97.93	32.36
b-amp04	42.81	11.32	18.93	0.41	8.95	11.66	0.94	1.28	1.02	97.32	32.10
b-amp05	43.98	9.57	17.58	0.45	9.79	11.59	1.05	1.02	1.18	96.21	35.76
b-amp06	43.49	10.41	18.05	0.44	9.32	11.49	0.99	1.26	0.97	96.42	34.05
b-amp07	43.31	10.37	17.94	0.53	9.31	11.50	1.09	1.26	1.27	96.58	34.17
b-amp08	43.44	10.63	18.32	0.51	9.08	11.33	1.23	0.61	1.45	96.6	33.13

附表 2　黄陵球状花岗闪长岩锆石 U–Pb 同位素测试数据

测试点	总Pb/ 10^{-6}	^{232}Th/ 10^{-6}	^{238}U/ 10^{-6}	^{207}Pb/ ^{235}U	^{207}Pb/ ^{235}U 1σ	^{206}Pb/ ^{238}U	^{206}Pb/ ^{238}U 1σ	Rho	^{207}Pb/^{206}Pb 年龄/Ma	^{207}Pb/^{206}Pb 1σ	^{207}Pb/^{235}U 年龄/Ma	^{207}Pb/^{235}U 1σ	^{206}Pb/^{238}U 年龄/Ma	^{206}Pb/^{238}U 1σ	Con.*
T1C1	3246	1495	639	6.063 7	0.122 7	0.366 6	0.003 7	0.504 2	1939	35.5	1985	17.7	2013	17.7	98%
T1C2	296	137	496	5.864 8	0.137 0	0.351 4	0.004 6	0.558 1	1967	39.0	1956	20.3	1941	21.9	99%
T1C3	331	183	506	5.697 1	0.137 2	0.339 5	0.003 6	0.441 4	1963	43.5	1931	20.8	1884	17.4	97%
T1C4	2845	1615	659	6.271 4	0.146 4	0.370 9	0.004 5	0.524 4	1987	35.6	2014	20.5	2034	21.4	99%
T1C5	464	126	799	6.014 9	0.114 9	0.367 6	0.003 3	0.473 2	1924	33.3	1978	16.7	2018	15.7	97%
T1C6	1014	150	453	5.745 8	0.119 8	0.349 2	0.003 8	0.525 6	1944	33.3	1938	18.1	1931	18.3	99%
T1C7	345	126	536	5.891 6	0.122 2	0.358 0	0.003 4	0.455 7	1944	35.3	1960	18.1	1973	16.1	99%
T1C8	1063	560	376	6.176 9	0.125 7	0.372 7	0.003 5	0.456 8	1950	34.1	2001	17.8	2042	16.3	97%
T1C9	1295	705	355	5.795 8	0.134 5	0.345 8	0.004 1	0.512 6	1972	38.6	1946	20.1	1915	19.7	98%
T1C10	1106	382	261	6.783 4	0.139 0	0.397 6	0.004 1	0.503 0	2003	35.2	2084	18.2	2158	18.9	96%
T1C11	603	256	533	6.034 2	0.139 6	0.354 6	0.004 2	0.507 6	1995	40.6	1981	20.2	1957	19.9	98%
T1C12	301	123	392	6.072 7	0.121 8	0.353 7	0.003 7	0.526 4	2013	35.2	1986	17.5	1952	17.8	98%
T1C13	216	103	323	5.720 1	0.146 8	0.359 6	0.006 0	0.647 9	1933	39.4	1934	22.2	1980	28.4	97%
T1C14	1324	440	339	5.263 8	0.146 8	0.320 3	0.006 2	0.699 7	1957	55.6	1863	23.8	1791	30.5	96%
T1C15	196	125	225	4.759 7	0.107 3	0.290 9	0.003 2	0.488 8	1925	37.8	1778	19.0	1646	16.0	92%

附表 2（续）

测试点	总Pb/ 10^{-6}	^{232}Th/ 10^{-6}	^{238}U/ 10^{-6}	^{207}Pb/ ^{235}U	^{207}Pb/ ^{235}U 1σ	^{206}Pb/ ^{238}U	^{206}Pb/ ^{238}U 1σ	Rho	^{207}Pb/^{206}Pb 年龄/Ma	^{207}Pb/ ^{206}Pb 1σ	^{207}Pb/^{235}U 年龄/Ma	^{207}Pb/ ^{235}U 1σ	^{206}Pb/^{238}U 年龄/Ma	^{206}Pb/ ^{238}U 1σ	Con*
T1M1	689	920	459	1.3920	0.0358	0.1490	0.0015	0.3865	857	51.9	886	15.2	895	8.3	98%
T1M2	87	115	121	1.3779	0.0556	0.1489	0.0023	0.3905	855	88.9	880	23.7	895	13.2	98%
T1M3	261	357	214	1.3872	0.0447	0.1492	0.0017	0.3471	859	66.7	884	19.0	897	9.4	98%
T1M4	1318	1054	472	1.4100	0.0335	0.1476	0.0017	0.4780	909	54.6	893	14.1	888	9.4	99%
T1M5	734	1040	449	1.3813	0.0385	0.1490	0.0014	0.3442	837	59.3	881	16.4	895	8.0	98%
T1M6	195	233	155	1.4554	0.0497	0.1490	0.0020	0.3899	943	68.5	912	20.6	895	11.1	98%
T1M7	574	762	357	1.3794	0.0351	0.1488	0.0014	0.3687	831	53.7	880	15.0	894	7.8	98%
T1M8	522	308	154	1.4452	0.0471	0.1489	0.0018	0.3682	1000	73.2	908	19.6	895	10.0	98%
T1M9	230	305	187	1.3580	0.0472	0.1483	0.0017	0.3267	813	74.1	871	20.3	891	9.5	97%
T1M10	953	544	283	1.4793	0.0523	0.1489	0.0023	0.4308	1220	238.7	922	21.4	895	12.7	97%
T1M11	217	299	177	1.4702	0.0475	0.1490	0.0017	0.3451	969	68.5	918	19.5	895	9.3	97%
T1M12	499	202	136	1.5520	0.0483	0.1516	0.0021	0.4433	1033	62.0	951	19.2	910	11.7	95%
T1M13	347	232	144	1.5319	0.0805	0.1493	0.0027	0.3457	1643	483.3	943	32.3	897	15.2	94%
T1R1	365	423	250	1.4170	0.0505	0.1419	0.0030	0.6024	972	75.0	896	21.2	855	17.2	95%
T1R2	282	396	277	1.2773	0.0362	0.1419	0.0014	0.3408	776	59.3	836	16.1	855	7.7	97%

附表 2（续）

测试点	总Pb/ 10^{-6}	^{232}Th/ 10^{-6}	^{238}U/ 10^{-6}	$^{207}Pb/^{235}U$	$^{207}Pb/^{235}U$ 1σ	$^{206}Pb/^{238}U$	$^{206}Pb/^{238}U$ 1σ	Rho	$^{207}Pb/^{206}Pb$ 年龄/Ma	$^{207}Pb/^{206}Pb$ 1σ	$^{207}Pb/^{235}U$ 年龄/Ma	$^{207}Pb/^{235}U$ 1σ	$^{206}Pb/^{238}U$ 年龄/Ma	$^{206}Pb/^{238}U$ 1σ	Con*
T1R3	669	893	438	1.314 5	0.033 8	0.139 7	0.001 4	0.376 4	865	51.9	852	14.9	843	7.7	98%
T1R4	999	1233	531	1.409 2	0.042 2	0.141 9	0.001 8	0.417 8	969	59.3	893	17.8	855	10.0	95%
T1R5	495	655	354	1.267 8	0.042 3	0.142 2	0.001 8	0.380 7	769	69.4	831	18.9	857	10.2	96%
T1R6	207	281	174	1.316 5	0.050 3	0.142 3	0.001 8	0.331 6	857	84.4	853	22.1	858	10.2	99%
T1R7	1316	222	149	1.536 3	0.064 8	0.142 2	0.002 8	0.469 2	1152	49.1	945	25.9	857	15.9	90%
T1R8	1588	887	459	1.347 5	0.039 8	0.139 5	0.001 3	0.325 6	920	65.7	866	17.2	842	7.6	97%
T1R9	1032	800	577	1.404 0	0.035 7	0.141 7	0.001 5	0.412 4	969	50.0	891	15.1	854	8.4	95%
T1R10	550	787	519	1.332 5	0.029 8	0.141 7	0.001 3	0.424 6	865	50.9	860	13.0	854	7.6	99%
T1R11	917	1293	567	1.297 8	0.037 9	0.141 9	0.001 9	0.459 9	813	59.3	845	16.8	855	10.8	98%
T1R12	855	826	326	1.472 7	0.044 0	0.141 9	0.001 5	0.360 3	1133	61.1	919	18.1	856	8.6	92%
T1R13	974	1367	603	1.275 7	0.036 5	0.142 2	0.001 6	0.402 2	761	55.6	835	16.3	857	9.3	97%
T1R14	952	515	417	1.436 2	0.038 0	0.143 6	0.001 9	0.490 8	994	25.0	904	15.8	865	10.5	95%
T2P1	560	611	410	1.437 4	0.048 1	0.150 9	0.001 9	0.376 1	887	76	905	20	906	11	99%
T2P2	176	220	127	1.462 4	0.076 3	0.148 5	0.003 1	0.395 5	1020	125	915	31	892	17	97%
T2P3	127	163	155	1.414 8	0.050 8	0.148 0	0.001 9	0.350 7	907	71	895	21	889	10	99%

附表 2（续）

测试点	总Pb/ 10^{-6}	^{232}Th/ 10^{-6}	^{238}U/ 10^{-6}	^{207}Pb/ ^{235}U	^{207}Pb/ ^{235}U 1σ	^{206}Pb/ ^{238}U	^{206}Pb/ ^{238}U 1σ	Rho	^{207}Pb/^{206}Pb 年龄/Ma	^{207}Pb/^{206}Pb 1σ	^{207}Pb/^{235}U 年龄/Ma	^{207}Pb/^{235}U 1σ	^{206}Pb/^{238}U 年龄/Ma	^{206}Pb/^{238}U 1σ	Con*
T2P4	1256	1345	749	1.2973	0.0396	0.1479	0.0030	0.6611	731	63	845	18	889	17	94%
T2P5	48	64	63	1.4049	0.0747	0.1478	0.0032	0.4031	909	111	891	32	889	18	99%
T2P6	257	326	237	1.3904	0.0391	0.1477	0.0017	0.4155	874	58	885	17	888	10	99%
T2P7	931	1129	598	1.3706	0.0393	0.1477	0.0027	0.6389	839	55	876	17	888	15	98%
T2P8	208	276	216	1.2943	0.0390	0.1477	0.0021	0.4751	726	67	843	17	888	12	94%
T2P9	73	96	94	1.4303	0.0589	0.1474	0.0020	0.3284	931	79	902	25	887	11	98%
T2P10	385	440	617	1.4090	0.0346	0.1472	0.0022	0.6183	898	47	893	15	885	13	99%
T2P11	143	186	115	1.3999	0.0518	0.1472	0.0019	0.3421	902	78	889	22	885	10	99%
T2P12	335	456	290	1.3100	0.0401	0.1471	0.0020	0.4421	746	64	850	18	885	11	96%
T2P13	254	329	186	1.3914	0.0447	0.1471	0.0015	0.3126	881	67	885	19	884	8	99%
T2P14	449	585	331	1.3329	0.0402	0.1470	0.0017	0.3750	789	67	860	17	884	9	97%
T2P15	1007	1271	570	1.4084	0.0375	0.1470	0.0014	0.3489	906	54	893	16	884	8	99%
T2P16	209	267	167	1.3863	0.0457	0.1469	0.0016	0.3386	900	75	883	19	884	9	99%
T2P17	292	390	228	1.2827	0.0350	0.1468	0.0014	0.3554	720	57	838	16	883	8	94%
T2P18	426	493	646	1.3928	0.0402	0.1468	0.0019	0.4522	880	49	886	17	883	11	99%
T2P19	886	1147	589	1.4223	0.0358	0.1467	0.0022	0.5980	1000	54	898	15	883	12	98%
T2P20	773	961	508	1.4408	0.0434	0.1465	0.0028	0.6235	969	59	906	18	881	15	97%

附表 2（续）

测试点	总 Pb/ 10^{-6}	^{232}Th/ 10^{-6}	^{238}U/ 10^{-6}	^{207}Pb/ ^{235}U	^{207}Pb/ ^{235}U 1σ	^{206}Pb/ ^{238}U	^{206}Pb/ ^{238}U 1σ	Rho	^{207}Pb/^{206}Pb 年龄/Ma	^{207}Pb/ ^{206}Pb 1σ	^{207}Pb/^{235}U 年龄/Ma	^{207}Pb/ ^{235}U 1σ	^{206}Pb/^{238}U 年龄/Ma	^{206}Pb/ ^{238}U 1σ	Con*
T2P21	127	170	157	1.352 5	0.046 3	0.146 4	0.001 8	0.355 2	829	66	869	20	881	10	98%
T2P22	488	628	369	1.396 9	0.038 0	0.146 4	0.001 6	0.389 5	900	54	888	16	881	9	99%
T2P23	294	363	229	1.466 4	0.062 5	0.145 0	0.001 9	0.299 6	1017	87	917	26	873	10	95%
T2P24	233	295	202	1.367 8	0.051 8	0.144 0	0.001 7	0.303 1	889	81	875	22	867	9	99%
T2O1	85	78	247	1.407 2	0.042 6	0.142 7	0.001 8	0.415 7	973	65	892	18	860	10	96%
T2O2	394	195	509	1.534 2	0.067 2	0.142 1	0.002 3	0.364 2	1177	109	944	27	857	13	90%
T2O3	48	57	114	1.352 8	0.087 9	0.141 5	0.002 6	0.284 0	857	107	869	38	853	15	98%
T2O4	89	86	325	1.315 2	0.044 7	0.141 5	0.001 9	0.403 0	831	69	852	20	853	11	99%
T2O5	79	81	250	1.354 8	0.050 3	0.141 5	0.002 0	0.371 6	898	78	870	22	853	11	98%
T2O6	94	87	312	1.335 3	0.041 3	0.141 5	0.001 7	0.389 9	887	69	861	18	853	10	99%
T2O7	28	26	99	1.180 0	0.048 3	0.141 4	0.002 0	0.344 5	639	93	791	22	852	11	92%
T2O8	61	52	211	1.375 4	0.070 2	0.141 4	0.0021	0.287 6	917	100	878	30	852	12	96%
T2O9	23	19	79	1.283 7	0.082 6	0.140 3	0.002 8	0.314 9	857	146	839	37	846	16	99%
T2O10	53	55	174	1.291 7	0.041 1	0.140 2	0.001 6	0.361 4	839	67	842	18	846	9	99%
T2O11	53	72	84	1.409 8	0.070 7	0.139 4	0.002 2	0.315 3	1017	97	893	30	841	12	94%
T2O12	242	245	440	1.482 0	0.038 4	0.139 2	0.001 5	0.420 7	1115	49	923	16	840	9	90%

注：Con* 为谐和度的缩写；Rho 为谐和图中单点点圈的误差半径；T1C、T1M、T1R 分别代表 Type-Ⅰ 的锆石核、锆石幔、锆石边；T2P、T2O 分别代表 Type-Ⅱ 型的原生锆石及锆石增生边。

附表 3　黄陵球状花岗闪长岩锆石 Lu-Hf 同位素测试数据

测试点	$^{176}Hf/^{177}Hf$	1σ	$^{176}Lu/^{177}Hf$	1σ	$^{176}Yb/^{177}Hf$	1σ	Hf	Lu	Yb	年龄/Ma	$\varepsilon_{Hf}(t)$	1σ	TDM1	TDM2	fLu/Hf
T1C1	0.281 061	0.000 013	0.001 458	0.000 027	0.040 571	0.000 691	6317	65.59	445.51	1962	−18.7	0.692 1	3083	3507	−0.956 1
T1C2	0.281 200	0.000 011	0.000 177	0.000 004	0.004 321	0.000 093	6830	9.84	57.33	1962	−12.1	0.636 0	2799	3155	−0.994 7
T1C3	0.281 226	0.000 013	0.000 344	0.000 012	0.010 886	0.000 215	6351	17.15	130.86	1962	−11.4	0.687 7	2775	3116	−0.989 6
T1C4	0.281 271	0.000 019	0.000 418	0.000 015	0.011 249	0.000 297	4154	12.81	85.59	1962	−9.9	0.838 4	2720	3036	−0.987 4
T1C5	0.281 125	0.000 014	0.000 334	0.000 006	0.008 070	0.000 135	9154	24.42	143.03	1962	−14.9	0.658 4	2909	3306	−0.989 9
T1C6	0.281 311	0.000 014	0.000 352	0.000 020	0.009 807	0.000 509	6819	18.68	124.15	1962	−8.4	0.706 2	2662	2956	−0.989 4
T1C7	0.281 262	0.000 012	0.000 538	0.000 012	0.015 089	0.000 306	6925	29.39	196.18	1962	−10.3	0.659 3	2740	3061	−0.983 8
T1C8	0.281 181	0.000 014	0.000 537	0.000 010	0.017 791	0.000 305	6339	27.06	214.21	1962	−13.2	0.702 2	2849	3215	−0.983 8
T1C9	0.281 260	0.000 020	0.000 681	0.000 029	0.021 060	0.000 699	6858	35.46	263.63	1962	−10.6	0.873 3	2754	3076	−0.979 5
T1C10	0.281 202	0.000 012	0.000 252	0.000 003	0.008 001	0.000 095	6352	13.16	99.67	1962	−12.1	0.669 2	2801	3156	−0.992 4
T1C11	0.281 344	0.000 014	0.000 419	0.000 007	0.012 589	0.000 300	6007	20.32	147.16	1962	−7.3	0.717 5	2623	2898	−0.987 4
T1C12	0.281 136	0.000 014	0.000 147	0.000 005	0.004 226	0.000 144	6480	7.84	53.42	1962	−14.3	0.704 4	2882	3274	−0.995 6
T1M1	0.281 375	0.000 012	0.000 764	0.000 012	0.024 171	0.000 373	6775	39.47	301.13	895	−30.1	0.672 3	2605	3295	−0.977 0
T1M2	0.281 522	0.000 022	0.000 740	0.000 039	0.017 803	0.001 018	2719	14.37	80.97	895	−24.9	0.933 0	2403	3013	−0.977 7
T1M3	0.281 295	0.000 014	0.000 635	0.000 017	0.017 964	0.000 762	6929	34.92	235.01	895	−32.9	0.705 5	2703	3441	−0.980 9
T1M4	0.281 579	0.000 014	0.001 545	0.000 029	0.047 418	0.001 656	7417	83.21	612.07	895	−23.4	0.703 9	2376	2930	−0.953 5

附表 3（续）

测试点	$^{176}Hf/^{177}Hf$	1σ	$^{176}Lu/^{177}Hf$	1σ	$^{176}Yb/^{177}Hf$	1σ	Hf	Lu	Yb	年龄/Ma	$\varepsilon_{Hf}(t)$	1σ	TDM1	TDM2	$f_{Lu/Hf}$
T1M5	0.281 564	0.000 013	0.002 048	0.000 023	0.055 866	0.001 267	8419	121.77	796.66	895	−24.2	0.678 4	2428	2974	−0.938 3
T1M6	0.281 559	0.000 015	0.001 636	0.000 021	0.049 540	0.001 426	6712	78.54	576.78	895	−24.1	0.724 4	2409	2971	−0.950 7
T1M7	0.281 531	0.000 020	0.001 516	0.000 016	0.039 159	0.000 695	5207	58.38	372.21	895	−25.0	0.874 9	2439	3019	−0.954 3
T1M8	0.281 575	0.000 013	0.002 291	0.000 034	0.061 928	0.000 701	7382	113.25	747.23	895	−23.9	0.678 6	2428	2960	−0.931 0
T1M9	0.281 517	0.000 020	0.001 670	0.000 021	0.048 891	0.001 023	4290	49.41	368.05	895	−25.6	0.859 0	2469	3051	−0.949 7
T1R1	0.281 606	0.000 015	0.001 500	0.000 021	0.048 021	0.001 256	5263	56.66	437.22	855	−23.2	0.729 9	2335	2892	−0.954 8
T1R2	0.281 553	0.000 013	0.001 899	0.000 047	0.050 386	0.001 371	6686	92.64	599.39	855	−25.3	0.698 5	2434	3004	−0.942 8
T1R3	0.281 572	0.000 019	0.001 766	0.000 014	0.043 646	0.000 363	4120	52.89	309.39	855	−24.6	0.833 1	2399	2965	−0.946 8
T1R4	0.281 575	0.000 013	0.001 840	0.000 044	0.048 807	0.000 724	6275	78.82	509.80	855	−24.5	0.685 1	2399	2961	−0.944 6
T1R5	0.281 533	0.000 022	0.001 922	0.000 025	0.048 593	0.000 876	3728	52.30	318.90	855	−26.1	0.932 5	2463	3043	−0.942 1
T2P4	0.281 631	0.000 023	0.004 072	0.000 069	0.123 514	0.003 844	7402	174.46	1276.19	884	−23.3	1.036 1	2469	2913	−0.877 3
T2P7	0.281 577	0.000 022	0.002 863	0.000 040	0.085 674	0.000 834	7087	125.88	906.24	884	−24.5	0.975 2	2464	2979	−0.913 8
T2P9	0.281 547	0.000 027	0.001 621	0.000 018	0.040 321	0.000 435	4401	50.23	302.19	884	−24.8	1.130 9	2425	2998	−0.951 2
T2P11	0.281 572	0.000 021	0.001 343	0.000 015	0.027 910	0.000 352	5354	54.38	269.14	884	−23.8	0.951 9	2373	2942	−0.959 6
T2P12	0.281 571	0.000 019	0.002 098	0.000 031	0.061 373	0.000 649	7839	110.68	772.87	884	−24.2	0.885 7	2422	2966	−0.936 8
T2P13	0.281 602	0.000 023	0.002 338	0.000 022	0.067 653	0.001 277	6370	96.72	673.01	884	−23.3	1.002 6	2393	2914	−0.929 6

附表 3（续）

测试点	$^{176}Hf/^{177}Hf$	1σ	$^{176}Lu/^{177}Hf$	1σ	$^{176}Yb/^{177}Hf$	1σ	Hf	Lu	Yb	年龄/Ma	$\varepsilon_{Hf}(t)$	1σ	TDM1	TDM2	$f_{Lu/Hf}$
T2P14	0.281 567	0.000 018	0.002 197	0.000 038	0.063 966	0.000 794	6520	94.03	654.31	884	−24.4	0.860 7	2434	2977	−0.933 8
T2P15	0.281 583	0.000 036	0.002 945	0.000 045	0.074 763	0.001 276	3600	69.79	429.73	884	−24.3	1.423 3	2462	2970	−0.911 3
T2P16	0.281 515	0.000 021	0.002 157	0.000 038	0.053 000	0.000 697	5662	82.03	482.99	884	−26.2	0.957 5	2504	3074	−0.935 0
T2P17	0.281 595	0.000 058	0.002 382	0.000 028	0.060 690	0.000 775	4576	73.57	463.60	884	−23.3	2.138 3	2406	2929	−0.928 3
T2P19	0.281 570	0.000 018	0.002 028	0.000 044	0.060 873	0.002 011	7106	97.80	698.89	884	−24.2	0.863 1	2418	2965	−0.938 9
T2P20	0.281 597	0.000 021	0.002 280	0.000 128	0.068 444	0.004 329	7344	114.72	831.71	884	−23.4	1.000 8	2397	2923	−0.931 3
T2P22	0.281 614	0.000 025	0.002 634	0.000 048	0.081 672	0.001 358	7722	126.14	931.29	884	−23.0	1.076 9	2396	2902	−0.920 7
T2P23	0.281 641	0.000 015	0.000 908	0.000 019	0.025 387	0.000 791	9158	63.28	422.69	847	−21.8	0.780 2	2251	2810	−0.972 7
T2P24	0.281 639	0.000 027	0.002 287	0.000 023	0.058 731	0.001 173	5521	84.10	533.74	884	−21.9	1.124 5	2337	2841	−0.931 1
T2O1	0.281 559	0.000 015	0.000 446	0.000 009	0.011 718	0.000 311	8532	30.10	188.82	847	−24.5	0.786 0	2335	2953	−0.986 6
T2O2	0.281 593	0.000 014	0.000 514	0.000 005	0.012 094	0.000 204	9604	39.31	221.19	847	−23.3	0.757 7	2293	2890	−0.984 5
T2O7	0.281 535	0.000 015	0.000 303	0.000 005	0.006 398	0.000 075	8355	19.96	100.94	847	−25.3	0.790 0	2359	2995	−0.990 9
T2O10	0.281 608	0.000 018	0.000 658	0.000 004	0.013 432	0.000 107	6831	35.39	171.39	847	−22.9	0.864 3	2282	2866	−0.980 2
T2O11	0.281 560	0.000 020	0.001 200	0.000 029	0.035 946	0.001 118	7721	67.82	485.38	847	−24.9	0.919 7	2380	2974	−0.963 9

注：T1C、T1M、T1R 分别代表 Type-I 型的锆石核、锆石幔、锆石边，T2P 代表 Type-II 型的原生锆石；TDM1 为一阶段 Hf 模式年龄；TDM2 为二阶段 Hf 模式年龄。

附表 4 黄陵球状花岗闪长岩锆石稀土元素测试数据

测试点	$^{29}SiO_2$/wt%	^{49}Ti/10^{-6}	^{89}Y/10^{-6}	^{93}Nb/10^{-6}	^{139}La/10^{-6}	^{140}Ce/10^{-6}	^{141}Pr/10^{-6}	^{146}Nd/10^{-6}	^{147}Sm/10^{-6}	^{151}Eu/10^{-6}	^{157}Gd/10^{-6}	^{159}Tb/10^{-6}	^{163}Dy/10^{-6}	^{165}Ho/10^{-6}	^{166}Er/10^{-6}	^{169}Tm/10^{-6}	^{172}Yb/10^{-6}	^{175}Lu/10^{-6}	^{178}Hf/10^{-6}	^{181}Ta/10^{-6}	Pb总计/10^{-6}	^{232}Th/10^{-6}	^{238}U/10^{-6}
T1C1	32.7	17.8	1592	8.6	1.43	96	1.11	10.1	11.7	1.62	49	14.6	156	51	219	42	400	67	7892	2.39	3246	1495	639
T1C2	32.7	6.7	118	0.40	28.7	47	4.9	27.7	10.2	2.05	11.5	1.29	11.0	3.12	15.2	3.7	45	11.3	9661	0.07	296	137	496
T1C3	32.7	5.3	131	0.51	4.6	42	3.35	26.0	14.2	2.36	20.1	2.50	15.4	3.8	14.1	2.88	29.2	5.9	8481	0.11	331	183	506
T1C4	32.7	11.8	1284	2.52	0.68	173	2.01	29.4	34.4	12.3	97	20.2	166	43	147	24.6	207	31.5	6734	0.73	2845	1615	659
T1C5	32.7	3.9	172	1.11	1.94	12.8	0.36	1.68	0.81	0.22	4.1	1.16	13.3	4.9	25.8	6.1	73	17.9	10 793	0.27	464	126	799
T1C6	32.7	88	153	2.16	0.53	27.8	0.43	4.2	2.16	0.53	4.6	1.15	12.3	4.4	21.5	5.0	57	12.2	10 137	0.62	1014	150	453
T1C7	32.7	1.87	276	1.18	0.18	14.5	0.14	0.92	0.85	0.27	3.8	1.34	17.5	7.4	41	10.8	131	31.1	10 668	0.40	345	126	536
T1C8	32.7	6.9	602	1.26	1.16	66	1.07	11.5	11.6	3.23	32.8	7.3	66	18.9	72	13.7	124	20.8	8539	0.55	1063	560	376
T1C9	32.7	6.5	732	2.69	2.42	67	2.08	18.5	15.7	2.88	41	9.4	83	24.4	87	16.1	148	24.7	8282	0.99	1295	705	355
T1C10	32.7	6.4	565	0.85	3.11	70	2.62	23.6	16.9	4.9	39	7.9	66	18.0	65	11.9	108	18.0	7638	0.29	1106	382	261
T1C11	32.7	4.2	156	0.57	3.13	32.9	2.42	13.4	5.6	1.17	9.1	1.50	13.8	4.4	19.7	4.3	45	9.3	8181	0.12	603	256	533
T1C12	32.7	4.8	133	0.28	0.64	16.6	0.56	4.9	3.08	0.83	6.5	1.33	12.2	3.8	17.9	3.8	46	9.7	8723	0.07	301	123	392
T1C13	32.7	14.5	391	2.25	0.82	23.4	0.68	4.6	3.6	1.34	10.3	2.84	32.8	11.7	57	12.6	132	25.2	7935	0.74	216	103	323
T1C14	32.7	5.8	850	1.49	3.42	68	2.50	17.2	12.6	3.81	35.2	8.1	85	27.0	114	22.9	220	40	7431	0.42	1324	440	339
T1C15	32.7	4.6	234	0.63	0.77	21.5	0.70	6.5	4.9	1.09	10.6	2.03	20.2	6.8	31.6	6.8	77	15.1	7461	0.14	196	125	225

附表 4（续）

测试点	$^{29}SiO_2$/wt%	^{49}Ti/10^{-6}	^{89}Y/10^{-6}	^{93}Nb/10^{-6}	^{139}La/10^{-6}	^{140}Ce/10^{-6}	^{141}Pr/10^{-6}	^{146}Nd/10^{-6}	^{147}Sm/10^{-6}	^{151}Eu/10^{-6}	^{157}Gd/10^{-6}	^{159}Tb/10^{-6}	^{163}Dy/10^{-6}	^{165}Ho/10^{-6}	^{166}Er/10^{-6}	^{169}Tm/10^{-6}	^{172}Yb/10^{-6}	^{175}Lu/10^{-6}	^{178}Hf/10^{-6}	^{181}Ta/10^{-6}	Pb 总计/10^{-6}	^{232}Th/10^{-6}	^{238}U/10^{-6}
T1M1	32.7	9.3	2285	8.1	0.017	122	0.23	4.1	10.7	4.1	59	18.8	214	75	334	67	661	120	8208	1.59	689	920	459
T1M2	32.7	7.5	1363	2.03	9.2	52	2.97	15.4	10.5	5.0	41	11.1	128	45	200	41	426	81	8650	0.80	87	115	121
T1M3	32.7	9.0	1402	4.0	1.79	65	1.08	8.7	8.0	2.69	32.7	10.0	119	45	203	42	438	80	7198	1.10	261	357	214
T1M4	32.7	7.0	1953	7.2	0.68	122	0.53	7.4	12.3	4.5	59	16.6	185	65	275	56	558	98	7548	1.58	1318	1054	472
T1M5	32.7	6.7	2433	6.8	0.018	133	0.27	5.0	12.4	5.0	69	20.4	226	78	341	69	688	121	8214	1.26	734	1040	449
T1M6	32.7	7.9	1010	2.15	0.88	43	0.43	4.9	4.1	2.01	25.5	7.3	87	32.1	146	30.9	327	62	7347	0.71	195	233	155
T1M7	32.7	8.5	1966	5.8	0.016	105	0.25	4.8	9.4	3.8	52	16.3	180	65	285	58	589	106	7847	1.21	574	762	357
T1M8	32.7	7.3	1078	2.11	0.56	42	0.44	4.4	6.9	2.39	27.3	8.4	96	34.1	158	33.2	348	65	8103	0.66	347	232	144
T1M9	32.7	5.3	1116	2.97	0.57	54	0.76	6.9	6.5	2.42	26.8	8.5	96	35	160	33.4	349	63	6968	0.78	230	305	187
T1M10	32.7	7.7	1329	5.1	0.73	81	0.65	6.6	9.0	2.98	37.3	10.5	123	43	196	40	419	75	7893	1.23	953	544	283
T1M11	32.7	5.9	816	2.61	0.015	47	0.14	2.42	3.9	1.65	20.5	6.1	74	26.7	118	25.4	266	48	7776	0.76	217	299	177
T1M12	32.7	9.8	1018	2.59	0.020	40	0.12	2.52	3.7	1.81	21.6	7.1	84	31.8	152	32.9	337	63	7678	0.70	499	202	136
T1M13	32.7	12.2	1764	3.42	0.014	59	0.17	3.13	5.3	4.0	38	12.9	156	56	247	50	492	87	6783	0.57	522	308	154
T1R1	32.7	6.5	1216	3.6	0.69	70	0.79	6.7	8.2	2.65	35	9.6	110	39	169	36	353	65	7291	0.72	365	423	250
T1R2	32.7	4.9	1353	4.7	0.64	66	0.68	7.1	6.7	2.34	31.7	9.7	119	44	197	41	431	79	8504	1.22	282	396	277

附表 4（续）

测试点	SiO_2/wt%	^{49}Ti/10^{-6}	^{89}Y/10^{-6}	^{93}Nb/10^{-6}	^{139}La/10^{-6}	^{140}Ce/10^{-6}	^{141}Pr/10^{-6}	^{146}Nd/10^{-6}	^{147}Sm/10^{-6}	^{151}Eu/10^{-6}	^{157}Gd/10^{-6}	^{159}Tb/10^{-6}	^{163}Dy/10^{-6}	^{165}Ho/10^{-6}	^{166}Er/10^{-6}	^{169}Tm/10^{-6}	^{172}Yb/10^{-6}	^{175}Lu/10^{-6}	^{178}Hf/10^{-6}	^{181}Ta/10^{-6}	Pb 总计/10^{-6}	^{232}Th/10^{-6}	^{238}U/10^{-6}
T1R3	32.7	9.3	2256	8.0	7.1	216	4.3	26.1	17.6	5.6	62	18.0	203	72	310	64	649	112	7536	1.42	669	893	438
T1R4	32.7	8.3	1732	8.6	1.09	139	0.89	9.9	12.3	3.9	56	15.7	168	57	245	50	495	88	7240	2.00	999	1233	531
T1R5	32.7	7.7	1745	7.5	0.0000	98	0.19	4.4	6.4	2.38	40	12.9	151	55	246	50	495	90	6673	1.03	495	655	354
T1R6	32.7	6.9	839	2.57	0.23	45	0.35	3.4	4.3	1.99	21.3	6.3	72	26.5	120	25.0	255	48	7266	0.72	207	281	174
T1R7	32.7	9.0	708	1.77	6.6	74	6.1	60	25.0	6.0	39.7	6.2	65	22.3	101	20.9	217	41.7	6633	0.58	1316	222	149
T1R8	32.7	10.6	2201	8.1	1.22	123	1.05	9.4	12.4	4.13	57	17.5	201	72	308	64	646	112	7797	1.56	1588	887	459
T1R9	32.7	7.1	1672	9.7	5.0	97	2.91	18.7	11.5	3.46	43	12.7	150	53	240	50	512	91	8647	2.52	1032	800	577
T1R10	32.7	7.0	2215	11.1	1.11	106	0.89	8.0	9.7	3.8	51	16.2	195	71	327	68	679	121	8448	2.14	550	787	519
T1R11	32.7	9.6	2028	9.6	0.66	157	0.73	9.6	13.8	5.4	62	17.6	189	66	289	58	567	101	6930	1.95	917	1293	567
T1R12	32.7	12.8	2055	5.5	0.63	110	0.50	5.6	9.3	5.4	54	16.7	189	66	288	57	577	103	6720	0.89	855	826	326
T1R13	32.7	9.3	2470	11.2	0.21	172	0.43	6.4	12.7	5.2	74	20.8	232	79	343	70	664	117	6862	1.95	974	1367	603
T1R14	32.7	10.2	1716	9.0	1.14	84	4.0	14.2	12.4	3.62	38.6	12.4	152	56	258	55	551	99	8111	1.80	952	515	417
T2P1	32.7	1.3	1449	2.9	0.4	63	0.2	3	6.5	4.2	30.9	9.6	121.4	42.8	204.5	43.3	453.8	89.0	7185	0.7	560	611	410
T2P2	32.7	4.2	987	1.7	0.0	33	0.2	3	5.6	3.2	28.2	7.8	90.5	29.2	136.5	26.8	281.8	51.4	7033	0.3	176	220	127
T2P3	32.7	3.9	876	1.6	0.0	32	0.0	1	2.4	1.6	14.5	5.0	64.0	24.2	124.0	26.8	291.5	55.7	8062	0.4	127	163	155

附表4(续)

测试点	$^{29}SiO_2$/wt%	^{49}Ti/10^{-6}	^{89}Y/10^{-6}	^{93}Nb/10^{-6}	^{139}La/10^{-6}	^{140}Ce/10^{-6}	^{141}Pr/10^{-6}	^{146}Nd/10^{-6}	^{147}Sm/10^{-6}	^{151}Eu/10^{-6}	^{157}Gd/10^{-6}	^{159}Tb/10^{-6}	^{163}Dy/10^{-6}	^{165}Ho/10^{-6}	^{166}Er/10^{-6}	^{169}Tm/10^{-6}	^{172}Yb/10^{-6}	^{175}Lu/10^{-6}	^{178}Hf/10^{-6}	^{181}Ta/10^{-6}	Pb总计/10^{-6}	^{232}Th/10^{-6}	^{238}U/10^{-6}
T2P4	32.7	11.2	3635	9.1	0.4	184	0.5	7	14.9	8.5	82.1	26.5	306.6	109.1	488.7	96.8	990.4	167.2	5470	1.5	1256	1345	749
T2P5	32.7	5.9	809	1.1	0.0	17	0.1	1	2.4	1.6	14.5	4.9	65.0	24.5	119.2	25.3	280.0	52.4	7223	0.2	48	64	63
T2P6	32.7	3.1	1629	2.9	0.0	60	0.2	4	6.7	3.9	36.7	11.2	136.0	48.6	226.0	46.7	501.0	91.2	6771	0.6	257	326	237
T2P7	32.7	5.3	2044	4.5	0.2	81	0.9	13	15.8	7.4	65.8	16.8	201.6	65.8	283.8	59.1	593.9	100.8	8037	1.2	931	1129	598
T2P8	32.7	1.8	1088	2.2	0.2	44	0.2	3	3.6	2.5	19.7	6.4	82.2	31.5	152.7	34.1	369.8	68.9	7464	0.5	208	276	216
T2P9	32.7	8.0	1062	2.2	0.0	23	0.1	1	2.8	1.5	15.1	5.9	82.3	31.8	156.1	32.3	346.8	66.1	6952	0.4	73	96	94
T2P10	32.7	8.0	1213	1.2	0.4	28	0.6	8	12.8	4.1	43.1	10.9	116.6	38.5	175.9	34.4	352.0	60.7	8869	0.5	385	440	617
T2P11	32.7	5.3	1463	1.4	0.0	33	0.4	7	11.0	5.8	46.9	13.0	139.6	47.6	210.5	40.7	423.3	76.8	7604	0.3	143	186	115
T2P12	32.7	9.7	2226	6.2	0.0	92	0.2	3	6.5	3.5	47.0	15.6	197.8	72.0	318.2	63.4	654.5	117.3	7214	0.8	335	456	290
T2P13	32.7	9.8	1592	3.7	0.0	45	0.1	3	5.1	2.7	32.5	10.9	132.1	49.6	223.1	46.6	465.3	84.4	6538	0.7	254	329	186
T2P14	32.7	5.7	1943	4.1	0.4	75	0.3	3	6.8	3.8	41.1	12.7	160.6	58.5	270.5	55.2	569.9	104.1	6855	0.9	449	585	331
T2P15	32.7	9.4	2547	11.4	0.0	156	0.2	4	8.6	5.3	62.2	19.5	228.6	77.7	345.7	68.6	679.4	118.7	6582	1.7	1007	1271	570
T2P16	32.7	4.1	1427	2.2	0.0	40	0.3	6	9.0	4.5	39.4	11.1	130.0	44.6	198.7	40.6	419.0	76.4	6927	0.5	209	267	167
T2P17	32.7	9.7	2150	4.5	0.0	67	0.1	3	6.6	4.1	46.0	15.5	190.8	69.1	305.1	61.7	629.4	111.2	7028	0.8	292	390	228
T2P18	32.7	4.5	1367	2.5	2.5	57	1.2	8	6.2	3.8	27.9	8.3	106.6	39.5	190.8	40.4	438.8	82.8	7153	0.5	426	493	646
T2P19	32.7	6.5	2280	6.4	0.5	133	0.6	7	10.2	5.9	53.2	16.2	191.0	70.4	318.2	63.8	678.9	118.9	6175	1.3	886	1147	589

附表 4 (续)

测试点	$^{29}SiO_2$/wt%	^{49}Ti/10^{-6}	^{89}Y/10^{-6}	^{93}Nb/10^{-6}	^{139}La/10^{-6}	^{140}Ce/10^{-6}	^{141}Pr/10^{-6}	^{146}Nd/10^{-6}	^{147}Sm/10^{-6}	^{151}Eu/10^{-6}	^{157}Gd/10^{-6}	^{159}Tb/10^{-6}	^{163}Dy/10^{-6}	^{165}Ho/10^{-6}	^{166}Er/10^{-6}	^{169}Tm/10^{-6}	^{172}Yb/10^{-6}	^{175}Lu/10^{-6}	^{178}Hf/10^{-6}	^{181}Ta/10^{-6}	Pb 总计/10^{-6}	^{232}Th/10^{-6}	^{238}U/10^{-6}
T2P20	32.7	7.6	2398	5.7	1.4	119	0.6	6	9.0	5.5	49.5	15.6	194.4	71.4	329.3	67.0	687.0	120.5	6065	1.0	773	961	508
T2P21	32.7	2.9	891	1.8	0.0	35	0.1	1	2.3	1.7	13.4	4.8	64.1	26.0	128.8	28.4	317.1	61.4	8175	0.4	127	170	157
T2P22	32.7	4.4	1620	2.9	0.0	56	0.3	5	9.6	4.1	39.8	12.1	141.5	49.2	231.8	48.5	520.6	95.9	7182	0.8	488	628	369
T2P23	32.7	2.8	1147	2.3	0.1	50	0.2	2	4.1	2.7	23.1	7.0	90.8	33.3	158.7	32.5	341.1	61.6	6465	0.5	294	363	229
T2P24	32.7	2.6	1613	2.8	0.0	51	0.3	5	7.6	4.4	39.3	11.6	137.9	48.2	223.8	47.4	477.0	87.5	5986	0.5	233	295	202
T2O1	32.7	3.6	271	0.6	0.1	9	0.2	2	1.2	0.8	4.1	1.2	17.3	7.2	39.9	9.8	119.1	25.5	9055	0.3	85	78	247
T2O2	32.7	3.4	474	0.5	1.0	15	0.6	4	2.3	1.4	7.8	2.6	32.0	12.9	68.2	17.0	215.5	43.9	10406	0.2	394	195	509
T2O3	32.7	3.8	394	0.2	0.0	7	0.0	0	0.9	0.8	4.3	1.6	23.7	10.5	59.4	14.8	186.9	41.8	9147	0.1	48	57	114
T2O4	32.7	2.1	316	0.3	0.0	7	0.0	0	0.7	0.6	3.7	1.4	20.5	8.8	47.7	12.1	156.2	36.4	11469	0.3	89	86	325
T2O5	32.7	3.0	442	0.5	0.0	8	0.0	0	0.9	0.8	5.6	1.7	26.5	11.9	65.1	16.9	212.0	47.2	9331	0.3	79	81	250
T2O6	32.7	0.9	409	0.6	3.3	15	0.7	4	1.5	0.9	6.1	1.9	26.0	11.3	61.5	14.9	188.6	41.1	9750	0.4	94	87	312
T2O7	32.7	0.5	163	0.1	0.0	3	0.0	0	0.3	0.3	1.7	0.7	10.2	4.2	24.0	6.0	78.1	16.5	10821	0.1	28	26	99
T2O8	32.7	1.4	169	0.4	0.0	5	0.0	0	0.6	0.4	2.5	0.7	10.3	4.1	24.9	6.6	84.5	18.3	8941	0.3	61	52	211
T2O9	32.7	1.5	113	0.1	0.1	4	0.1	1	0.8	0.6	2.4	0.6	7.5	2.9	16.7	4.2	55.7	12.2	8331	0.1	23	19	79
T2O10	32.7	2.0	328	0.3	0.0	6	0.1	0	0.5	0.5	4.0	1.4	19.6	8.6	49.9	12.9	164.1	35.8	10727	0.1	53	55	174
T2O11	32.7	17.4	305	0.4	0.0	8	0.0	0	0.7	0.7	3.8	1.4	19.7	8.1	43.6	11.0	132.9	28.4	7461	0.1	53	72	84
T2O12	32.7	13.2	511	0.4	1.4	17	0.7	6	2.3	2.3	10.1	3.0	36.9	14.5	72.8	17.1	204.6	40.7	9707	0.3	242	245	440

注: T1C、T1M、T1R 分别代表 Type-I 型的锆石核、锆石幔、锆石边; T2P、T2O 分别代表 Type-II 型的原生锆石及锆石增生边。

附表5 黄陵球状花岗闪长岩锆石微量元素及稀土元素测试数据

区域	a	b	c	d	e	f	g
$^{7}Li/10^{-6}$	6.86	6.14	8.40	8.25	3.44	6.40	10.27
$^{9}Be/10^{-6}$	0.79	1.25	0.97	1.09	1.04	1.35	1.42
$^{11}B/10^{-6}$	7.6	3.5	1.4	1.8	2.2	2.2	1.8
$^{45}Sc/10^{-6}$	7.9	8.8	13.7	18.9	6.9	5.9	8.7
$^{51}V/10^{-6}$	14	28	55	81	23	9	56
$^{53}Cr/10^{-6}$	/	3.7	30.9	111.1	33.9	29.1	60.0
$^{59}Co/10^{-6}$	3	5	9	13	3	1	8
$^{63}Cu/10^{-6}$	24.5	21.5	21.9	23.2	19.9	20.2	16.5
$^{66}Zn/10^{-6}$	17	26	35	56	14	10	41
$^{71}Ga/10^{-6}$	22.7	22.6	22.4	23.4	23.0	23.1	19.2
$^{72}Ge/10^{-6}$	0.70	0.64	0.74	0.80	0.51	0.54	0.84
$^{85}Rb/10^{-6}$	11.2	12.7	15.0	13.4	1.5	6.7	24.1
$^{86}Sr/10^{-6}$	1 628.4	1 541.8	1 537.0	1 585.2	1 831.2	1 857.9	954.5
$^{89}Y/10^{-6}$	5	5	6	9	2	2	8
$^{90}Zr/10^{-6}$	13.1	69.2	9.7	13.8	5.0	2.6	69.4
$^{93}Nb/10^{-6}$	2.11	1.36	1.39	1.46	0.54	0.23	6.51
$^{105}Pd/10^{-6}$	0.01	0.01	0.00	0.01	0.01	0.01	0.00
$^{111}Cd/10^{-6}$	0.01	0.02	0.02	0.03	0.03	0.01	0.05
$^{118}Sn/10^{-6}$	0.31	0.50	0.33	0.52	0.12	0.04	0.66
$^{133}Cs/10^{-6}$	0.126	0.147	0.144	0.175	0.031	0.087	0.358
$^{137}Ba/10^{-6}$	241	239	239	217	181	230	345
$^{139}La/10^{-6}$	7.88	6.50	6.99	8.77	6.25	5.59	22.65
$^{140}Ce/10^{-6}$	14.38	11.14	13.62	18.39	9.88	8.15	44.87
$^{141}Pr/10^{-6}$	1.83	1.36	1.86	2.55	1.15	0.90	5.01
$^{146}Nd/10^{-6}$	7.2	5.5	8.4	11.8	4.5	3.3	18.1
$^{147}Sm/10^{-6}$	1.36	1.15	1.75	2.63	0.78	0.52	2.89
$^{151}Eu/10^{-6}$	0.938	0.909	1.067	1.306	0.854	0.742	1.025
$^{157}Gd/10^{-6}$	1.12	1.06	1.62	2.27	0.67	0.49	2.03

附表 5（续）

区域	a	b	c	d	e	f	g
^{159}Tb/10^{-6}	0.140	0.141	0.237	0.288	0.085	0.062	0.271
^{163}Dy/10^{-6}	0.83	0.80	1.24	1.70	0.46	0.32	1.41
^{165}Ho/10^{-6}	0.146	0.134	0.204	0.274	0.073	0.059	0.237
^{167}Er/10^{-6}	0.40	0.38	0.55	0.72	0.21	0.14	0.64
^{169}Tm/10^{-6}	0.06	0.06	0.08	0.10	0.02	0.02	0.11
^{172}Yb/10^{-6}	0.31	0.39	0.42	0.51	0.15	0.14	0.55
^{175}Lu/10^{-6}	0.041	0.058	0.053	0.061	0.022	0.015	0.079
^{178}Hf/10^{-6}	0.4	1.4	0.4	0.5	0.2	0.1	1.8
^{181}Ta/10^{-6}	0.146	0.063	0.030	0.040	0.020	0.006	0.374
^{182}W/10^{-6}	0.00	0.07	0.07	0.25	/	0.05	0.03
^{208}Pb/10^{-6}	6.0	6.1	5.1	4.9	5.6	7.2	6.0
^{232}Th/10^{-6}	1.27	1.11	0.08	0.19	0.06	0.07	9.70
^{238}U/10^{-6}	0.578	0.399	0.048	0.075	0.037	0.051	3.705
ΣREE	36.62	33.57	3.05	11.01	17.97	2.26	0.89
LREE	29.55	26.53	3.03	8.77	12.10	2.47	0.87
HREE	38.10	33.71	4.39	7.68	11.90	1.91	0.91
LREE/HREE	51.37	45.45	5.93	7.67	12.24	1.60	0.94
La$_N$/Yb$_N$	25.10	23.41	1.69	13.86	30.30	3.54	0.84
δEu	20.47	19.22	1.25	15.35	28.56	4.41	0.80
δCe	99.88	94.56	5.32	17.78	29.58	1.23	0.99

附录 黄陵球状岩热扩散模型编程

```
##..Time axis parameters nt,dt=50000,0.00018
##..Space axis parameters
R=0.015 Xmin,Xmax=0,3*R xmin,xmax=0,3
nx=151
xx=np.linspace(xmin,xmax,nx)
dx=xx[1]-xx[0]
tt=np.linspace(0,nt*dt,nt)
## parameters bound=int(1/dx)
L=4000000 Cp=np.zeros(nx)
Cp[0:bound]=1000 Cp[bound:nx]=950 DeltaT=500
dF_dT_map=np.loadtxt('./data/DFDT.csv',delimiter=',',dtype=np.float32)
dF_dT=np.zeros(nx)
dF_dT[0:bound]=dF_dT_map[-1,-1]
dF_dT[bound:nx]=dF_dT_map[0,-1]
K=np.ones(nx)
K=1-L/Cp*dF_dT kappa=4.5*10**(-7) tau=R**2/kappa
##..Initial Condition for copper and iron bars U=np.zeros(nx) U[0:bound]=1
U[bound:nx]=0
LB,RB=0,0
##..Derivative Boundary conditions on left and right
print('alpha =',max(dt/(dx*dx)/K))
##..Iterate over solution
c=np.zeros((nx,nt)) c[:,0]=U for i in range(nt):
    K=1-L/Cp*dF_dT
U=diffusion_ftcs_solver_homogeneous_Neumann(U,dx,dt,K,LB,RB) c[:,i]=600+500*U

for j in range(nx):index=int(500*U[j]) dF_dT[j]=dF_dT_map[index,-1]
```

```
##..Animate solution
k=-250 kskip=250
##..Set up movie fig3,ax1=plt.subplots(1) fig3.subplots_adjust(0.13,0.12,0.95,0.88) fig3.set_dpi(100)
##..Call the animator.
anim3=animation.FuncAnimation(fig3,diffusion_1D_animate,frames=int((nt-kskip)/kskip),interval=100)
anim3.save('./movies/crystallization_nonlinear.mp4') plt.close() HTML(""" <video width="500" controls style="display:block;margin:0 auto;"> <source src="./movies/crystallization_nonlinear.mp4" type="video/mp4"> </video> """)

fig2,ax2=plt.subplots(1) fig2.subplots_adjust(0.13,0.12,0.95,0.88) fig2.set_dpi(100) ax2.plot(xx*R*100,c[:,0],'g',xx*R*100,c[:,600],'r',xx*R*100,c[:,8000],'b',xx*R*100,c[:,28000],'y',xx*R*100,c[:,30000],'c') ax2.set(xlabel='Distance(cm)',ylabel='Temperature($^\circ$C)')
tt=[0,600*dt*tau/60,8000*dt*tau/60,28000*dt*tau/60,30000*dt*tau/60] print(tt) ax2.legend(['t=0','t=0.4 mins','t=5.3 mins','t=18.7 mins','t=20 mins']) figout_dir='./figs/crystallization_nonlinear.png' plt.savefig(figout_dir,dpi=300,facecolor='w')
fig3,ax3=plt.subplots(1)
x=np.arange(0,nx,1) y=np.arange(0,nt,1)
'''meshgrid 用于生成三维曲面的分格线座标;产生"格点"矩阵'''
X,Y=np.meshgrid(x,y)
# 确定 x/y 的取值范围
'''定义一个函数,用来计算 x/y 对应的 z 值'''
def f(x,y):return c[x,y]
'''contour()函数可生成三维结构表面的等值线图'''
C=plt.contour(X,Y,f(X,Y),8,colors='black')
'''cmap=plt.cm.hot 为等值线添加过渡色''' plt.contour(X,Y,f(X,Y),8,cmap=plt.cm.hot)
'''clabel 用于标记等高线'''
plt.clabel(C,inline=1,fontsize=10) plt.xticks(np.arange(0,nx,10),(100*R*
```

dx * np. arange(0,nx,10)). astype(np. int)) plt. yticks(np. arange(0,nt,5000), (tau * dt * np. arange(0,nt,5000)/60). astype(np. int)) plt. xlim(0,50) plt. ylim (0,32000) ax3. set(xlabel='Distance(cm)',ylabel='Time(mins)')

'''colorbar()可在右侧显示颜色值'''

plt. colorbar() figout_dir='. /figs/iso_nonlinear. png' plt. savefig(figout_dir,dpi= 300,facecolor='w')

plt. show()

fig5,ax5=plt. subplots(1) fig5. subplots_adjust(0. 15,0. 12,0. 95,0. 88) ax5. plot (np. arange(0,nt),c[0,:],'g',np. arange(0,nt),c[12,:],'b',np. arange(0,nt),c [21,:],'cyan',np. arange(0,nt),c[28,:],'y',np. arange(0,nt),c[35,:],'r',np. arange(0,nt),c[42,:],'lime',np. arange(0,nt),c[48,:],'black') ax5. set(xlabel=' Time(mins)',ylabel='Temperature($^\circ$C)') plt. xticks(np. arange(0,nt+1, 5000),(tau * dt * np. arange(0,nt+1,5000)/60). astype(int)) ax5. legend(['core',' mid-core','edge of core','mid-ring','edge of ring','outer-ring','edge of ball']) figout_dir='. /figs/innertemp_nonlinear. png' plt. savefig(figout_dir,dpi=300, facecolor='w')

plt. show()